ロボット機構学

工学博士 鈴森 康一 著

コロナ社

は じ め に

　本書は，ロボットをおもな対象とした機構学の入門書である。
　機構学は最も歴史のある工学の一つであるが，近年その内容は大きく変化してきた。
　変化の一つは，機構の解析や設計においてコンピュータの利用が標準的な手段になったことに起因する。手元のコンピュータで非線形の連立方程式が手軽に解けるようになり，作図や幾何学的考察に基づいたそれまでの設計解析手法は，コンピュータ利用を前提にした手法へと代わった。優れた機能を持つ汎用の機構解析ソフトウェアや数式処理ソフトウェアも安価に利用できるようになった。
　もう一つの変化は，ロボットに代表される多自由度の立体機構が一般に使われるようになった点である。これに伴い，座標変換行列を用いた解析手法の修得が機構学学習における新たな重要課題となった。
　本書は，大学の機械工学系学生を対象に，このような変化に対応した新しい機構学のテキストを目指したものである。機構学とロボット機構の基礎をできるだけわかりやすく丁寧に説明するよう努めた。また，執筆にあたっては以下のような二つの意図があった。
　第1は，数式による理解だけではなく，直感的にも内容を理解してもらいたいという点である。このため，実際の機械の機構例や具体的な数値を使った例題や演習を多く取り入れた。多少くどい箇所もあると思うが，行列やベクトル

の計算もできるだけ直感的にも納得できるように成分計算を記載した。

　第2は，機構学に限らず，工学系の学部学生に必要な素養や基礎能力（例えば，解析学，ベクトルと行列，力学，数値計算の基礎，パソコンや電卓を使った計算，インターネットを使った情報収集とその整理，等々）もあわせて身に付けてもらいたいという点である。数学や力学での学習内容が工学の問題とどのように結びついてくるのか，理解してもらえばうれしい。

　章末の演習問題には，比較的簡単な問題から，解くのに時間のかかる研究課題まで，幅広いレベルのものを含めた。研究課題にも是非積極的に取り組んで，与えられた問題を解くだけの学習ではなく，自ら時間をかけて積極的に取り組む姿勢を身に付けてほしい。

　最後に，本書を出版するにあたり，原稿校正に助力を得た筆者の研究室のメンバーと，写真や図など貴重な資料を提供頂いた関係各位に深く感謝する。

2004年2月

鈴森　康一

目　　　次

1　機構学の基礎

1.1	機構とは何か	1
1.2	機構学における基礎用語と概念	5
1.3	機構の自由度	7
演習問題		11

2　平面リンク機構の種類と特徴

2.1	4節リンク機構の概要	15
2.2	4節回転リンク機構	16
	2.2.1　グラスホフの定理	17
	2.2.2　グラスホフ機構の交替	18
	2.2.3　平行リンク機構	20
	2.2.4　カプラの軌道	22
2.3	スライダクランク機構	25
2.4	両スライダクランク機構	27
2.5	スライダてこ機構	27
2.6	その他のリンク機構	28
演習問題		29

3 平面リンク機構の解析

3.1 数式による運動解析 ... 32
3.1.1 1自由度閉ループ機構の解析的解法 ... 32
3.1.2 2自由度開ループ機構の運動解析 ... 35
3.1.3 2自由度閉ループ機構の運動解析 ... 38
3.2 数値解法による運動解析 ... 40
3.2.1 逐次代入法による数値解析 ... 41
3.2.2 4節回転リンク機構の数値解析 ... 44
3.3 瞬間中心と図式解法 ... 47
3.3.1 瞬 間 中 心 ... 48
3.3.2 瞬間中心を利用した速度解析 ... 51
3.4 機構の力学解析 ... 52
3.4.1 1自由度機構の力解析 ... 53
3.4.2 多自由度機構の力解析 ... 54
3.5 機構解析ソフトウェアを用いた解析 ... 56
演 習 問 題 ... 60

4 歯 車 機 構

4.1 歯 車 の 基 礎 ... 64
4.1.1 歯 車 の 種 類 ... 64
4.1.2 インボリュート歯車 ... 66
4.2 減 速 機 ... 76
4.3 歯車機構の解析 ... 80
演 習 問 題 ... 83

5 ロボットの機構

5.1 ロボットマニピュレータ ... 89
5.1.1 ロボットマニピュレータの分類 ... 89
5.1.2 ロボットマニピュレータの自由度 ... 91
5.1.3 自由度の縮退，特異姿勢 ... 92
5.1.4 機構干渉 ... 94

5.2 移動ロボット ... 98
5.2.1 移動ロボットの種類と代表例 ... 98
5.2.2 車輪による全方向移動 ... 100
5.2.3 脚移動，歩行 ... 101

演習問題 ... 104

6 ロボットの運動解析

6.1 位置・姿勢の表現と座標変換 ... 108
6.1.1 位置と姿勢の表現 ... 108
6.1.2 二つの座標系の幾何学的関係 ... 111
6.1.3 回転行列 ... 112
6.1.4 同次変換行列 ... 116
6.1.5 オイラー角とロール・ピッチ・ヨウ角 ... 118

6.2 平面ロボット機構の運動解析 ... 124
6.2.1 順運動学 ... 124
6.2.2 逆運動学 ... 128

6.3 ヤコビ行列 ... 129
6.3.1 特異姿勢の計算 ... 131
6.3.2 ヤコビ行列を用いた力解析 ... 132
6.3.3 ヤコビ行列の幾何学的意味 ... 133
6.3.4 ヤコビ行列を用いた逆運動学解析 ... 134

6.4	立体ロボット機構の運動解析	**137**
	6.4.1　順　運　動　学	**137**
	6.4.2　逆　運　動　学	**140**
	6.4.3　ヤ コ ビ 行 列	**142**
演　習　問　題		**147**

演 習 問 題 解 答　　　　　　　　　　　　**153**
引用・参考文献　　　　　　　　　　　　**164**
索　　　　引　　　　　　　　　　　　**166**

1 機構学の基礎

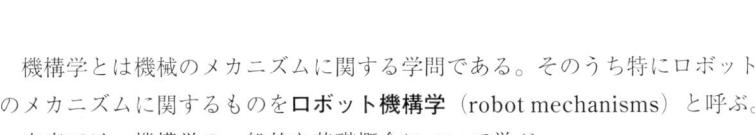

機構学とは機械のメカニズムに関する学問である。そのうち特にロボットのメカニズムに関するものを**ロボット機構学**（robot mechanisms）と呼ぶ。本章では，機構学の一般的な基礎概念について学ぶ。

1.1 機構とは何か

機構（mechanism）とは，「ある部品の運動を利用して，別の部品に望みの運動を生じさせるしくみ」といえる。多くの機械では，例えば，モータの回転運動や油空圧シリンダの直線運動など，比較的入手しやすい運動を利用して，その種類（回転，直動，揺動など）や向き，速度や力，または回転速度やトルクなどを変換して，特定の部材に望みの運動を実現させている。機械におけるこの運動変換のしくみを機構と呼ぶ。

具体的な機械を例にとって，みてみよう。

●例1.1　小型乗用車用エンジン

小型乗用車の3気筒ガソリンエンジンをみてみよう（**図1.1**参照）。ここには代表的な機構がいくつか用いられている。

ガソリンの燃焼によって生じるピストンの直線往復運動は，コンロッドを介してクランクシャフトの回転運動に変換される。これは，**スライダクランク機**

1. 機構学の基礎

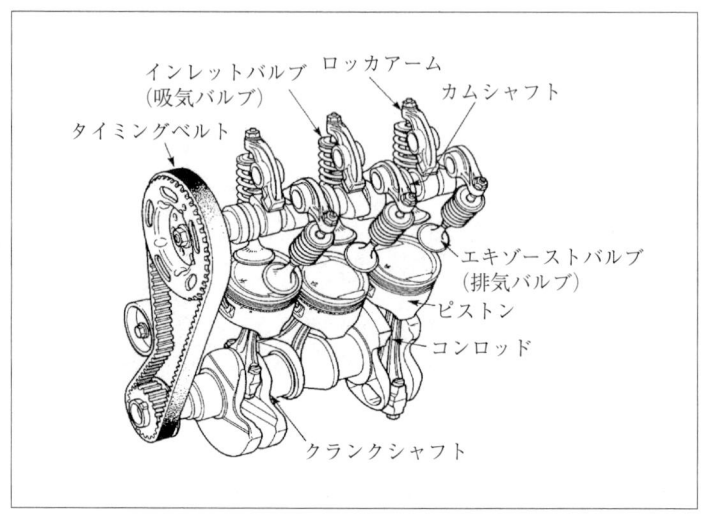

図 1.1 小型乗用車用エンジンの機構の例[20] †

構（2章）と呼ばれるリンク機構の一種である。

クランクシャフトの回転運動は，タイミングベルト（歯付きベルト）→カムシャフト→ロッカアームの順に伝えられ，給排気バルブの往復直線運動に変換される。タイミングベルトと噛み合う二つのプーリの歯数比やカムの形状を適切に設計することで，ピストンの位置に応じてバルブを適量開閉することができる。ここで用いられているベルト機構やカム機構も代表的な機構の一つである。

機構の構成を簡単な線図で表す方法を**スケルトン表示**と呼ぶ。図 1.1 におけるスライダクランク機構を**図 1.2** にスケルトン表示する。図 1.2 では，クラン

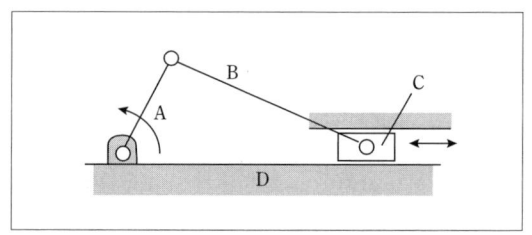

図 1.2 スライダクランク機構のスケルトン図

---

† 肩付き数字は，巻末の引用・参考文献の番号を表す。

クがA，コンロッドがB，ピストンがC，シリンダ（これはエンジンフレームと固定されている）がDで表現され，それぞれの相対的な動きの関係が示されている。

●例1.2　スカラ形ロボット

図1.3は，スカラ（SCARA：selective compliance assembly robot arm）と呼ばれる形式のロボットである。根元側の二つの関節に注目して，ロボットの上方向からみたスケルトン図を描くと図1.4のようになる。各関節のモータの回転運動の組合せによって，ロボットアーム先端Pを水平面内の所望の場所へ位置決めする。

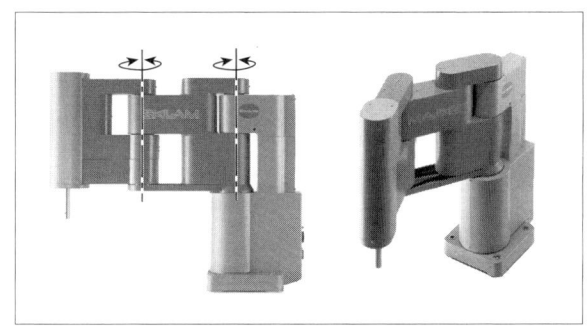

図1.3　スカラ形ロボットの例
〔(株)三協精機製作所〕

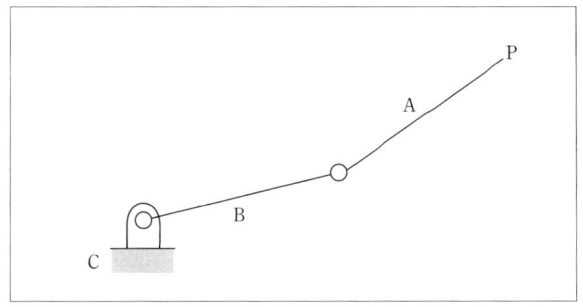

図1.4　スカラ形ロボットのスケルトン図

●例1.3　油圧6軸ステージ

図1.5は，6本の油圧シリンダによって駆動される機構である。各油圧シリンダの動きの組み合わせにより，上部のテーブルの位置と姿勢を自由に制御することができる。航空機や自動車などの運転シミュレータとしても利用され，搭乗者に適切な振動や加速度を与えることができる。上部のテーブルの位置と姿勢を望みどおりに実現するには，各油圧シリンダをどのように駆動したらよいか。これも機構学の重要な課題の一つである。

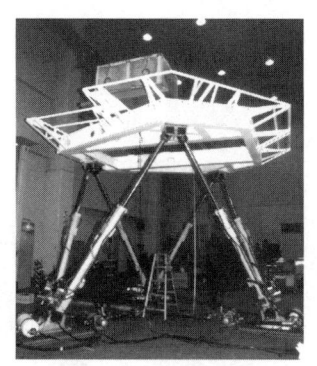

図1.5　油圧6軸ステージ
〔三菱プレシジョン(株)〕

以上，代表的な機構の例をいくつか示したが，このほかにも歯車機構やワイヤ機構，流体機構など種々の機構が存在する。機構学では，個々の機構の種類や特長を明らかにするとともに，機構の解析法や設計法を取り扱う。

ロボット機構学は，このうち，特にロボットに関する機構を対象とする。ロボット機構も，一般の機構と同様にリンクや歯車等が組み合わされたものであるが，歩行，マニピュレータ，ハンド等，ロボット各部の構成に特徴的な機構が存在する。また，ロボット機構は，多自由度で立体的な運動を行うため，その制御や運動解析を行うための座標変換行列を用いた計算手法の習得が学習上の大きなテーマの一つとなる。

1.2 機構学における基礎用語と概念

機構学における基礎的な用語と概念をつぎにまとめる。

解析と総合　　与えられた機構の動きを解明することを**機構の解析**（analysis of mechanism）と呼ぶ。また，所望の特性を持った機構を設計することを**機構の総合**（synthesis of mechanism）または**機構の設計**（design of mechanism）と呼ぶ。

機　　素　　機構はたがいに相対運動をする複数の部品から成り立っている。この各部品を**機素**（machine element）と呼ぶ。機素は，個々の機構ごとに，**節**または**リンク**（link），**カム**（cam），**歯車**（gear）等と個々の名称で呼ぶことも多い。機素とはこれらの総称である。例えば，図1.2の機構はA，B，C，Dの四つの機素から，図1.4の機構はA，B，Cの三つの機素からなる。このとき，機械のベース（図1.2では機素D，図1.4では機素C）も一つの機素として考える。

平面機構と立体機構　　図1.2に示したエンジンのスライダクランク機構のように，機構の動きが一つの平面で表せる機構，すなわち機構を構成する機素の動きが，一つの平面上またはこれと平行な平面上で行われる機構を**平面機構**と呼ぶ。これに対して，図1.5の油圧6軸ステージのように，立体的な動きをする機構を**立体機構**と呼ぶ。

閉ループ機構と開ループ機構　　図1.2のように機素がつぎつぎと連結して閉じた形を構成する機構を**閉ループ機構**，図1.4のように閉じた構成を持たない機構を**開ループ機構**と呼ぶ。

連　　鎖　　複数の機素を回転軸等によってつぎつぎと連結したものを**連鎖**（chain）と呼ぶ。連鎖はリンク機構と似た概念であるが，連鎖で構成される機構をリンク機構と考えればよい。

対偶および対偶の自由度　　たがいに接触して相対運動をする二つの機素の組合せを**対偶**（pair）と呼ぶ。対偶をなすそれぞれの機素は**対偶素**と呼

ばれる。

対偶はその**自由度**(degree of freedom)によって分類される。対偶の自由度とは，対偶をなす二つの機素の相対的な位置と姿勢を表すのに必要な変数の数を意味する。

図1.6に代表的な対偶の例を示す。例えば図(g)の平面対偶では，二つの機素の相対位置および姿勢がx，yおよびz軸回りの回転角度ϕ_zの三つの変数で表される。したがって平面対偶の自由度は3である。同様に，球面対偶でも自由度3となる。これに対して，回りすべり対偶の自由度は2であることがわかる。

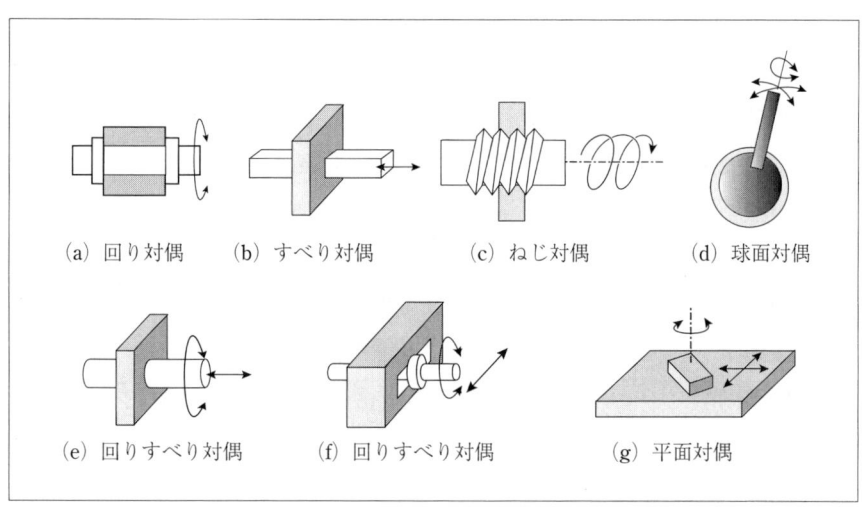

図1.6　各種対偶

現実の機械において最も頻繁にみられるのは自由度1の対偶である。図1.6に示すように，自由度1の対偶には，**回り対偶**(turning pair)，**すべり対偶**(sliding pair)，**ねじ対偶**(screw pair)等がある。

例えば，図1.2の機構では機素Aと機素B，機素Aと機素D，機素Bと機素Cがそれぞれ回り対偶を，機素Cと機素Dがすべり対偶をなす。

1.3 機構の自由度

機構を構成する機素の一つが観測座標系に固定されている（すなわち，ある一つの機素上から機構をみる）として，機構の動きの状態を示すのに必要な変数の数を**機構の自由度**と呼ぶ。例えば，図1.2の機構では，エンジンフレームDからみて，ピストンの位置が決まるとコンロッドの位置や姿勢，クランクシャフトの回転角，カムシャフトの回転角等，機構を構成するすべての機素の位置と姿勢が決まる。すなわち，機構の動きの状態（姿勢）は一つの変数で決まるので，この機構の自由度は1であることがわかる。一方，図1.5の機構では，テーブルの動きは，六つの変数すなわち位置に関してx, y, zで，そして姿勢に関してϕ_x, ϕ_y, ϕ_zで記述して初めて一意に決まるので，この機構の自由度は6である。

平面機構の場合，機構の自由度と，その機構を構成する機素の自由度には，つぎの関係がある。

$$f = 3(n-1) - 2p_1 - p_2 \tag{1.1}$$

ここで，n：機構を構成する機素の総数，p_1：機構に含まれる自由度1の対偶の数，p_2：機構に含まれる自由度2の対偶の数である。

式（1.1）はつぎのように考えれば理解できる（**図1.7**参照）。

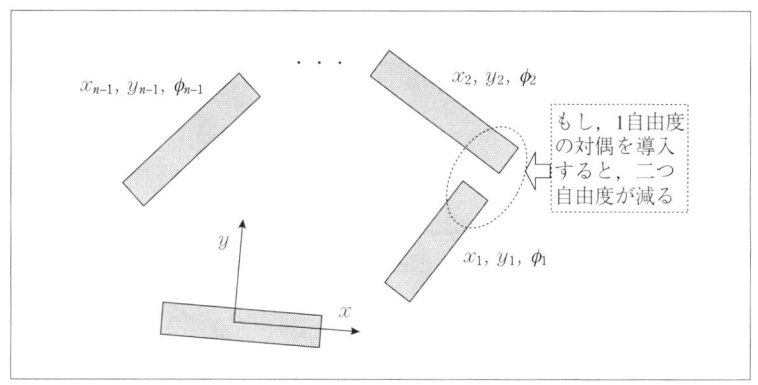

図1.7 平面機構における機構と対偶の自由度の考え方

機構を構成するある一つの機素から他の機素を観測することにする。この機素に対して動き得る機素の総数は $n-1$ である。平面上でそれぞれの機素はそれぞれ三つの自由度を持つので，かりになにも拘束がなければ，n 個の機素の相対関係を記述するのに必要な変数の数（すなわち自由度）は $3 \times (n-1)$ である。ここに，自由度1の対偶を p_1 個導入すると自由度は $2 \times p_1$ 減る。さらに自由度2の対偶を p_2 個導入すると自由度は p_2 減る。したがって式（1.1）が得られる。同様に，立体機構では一般に，機構の自由度 f は次式で求められる。

$$f = 6(n-1) - \sum_{i=1}^{5}(6-i)p_i \qquad (1.2)$$

ここで，p_i は機構に含まれる自由度 i の対偶の数である。

これも平面機構の場合と同様に考えれば理解できる。すなわち，空間上でそれぞれの機素はそれぞれ6自由度を持つので，なにも拘束がなければ，n 個の機素の相対関係を記述するのに必要な変数の数は $6 \times (n-1)$ であり，ここに自由度 i の対偶を p_i 個導入すると，自由度は $(6-i)p_i$ 減る。

●例1.4　スライダクランク機構の自由度

図1.2で示したスライダクランク機構の自由度を考えてみよう。

機素の数は4，対偶は回り対偶が3，滑り対偶が1で，いずれも1自由度の対偶であるから，$n=4$，$p_1=4$，$p_2=0$ を式（1.1）に代入して，$f=1$ を得る。この結果は直感的な判断と一致する。

●例1.5　ジンバル機構

図1.8に示す双眼鏡の支持機構について考えてみよう。

図示するように，この機構を構成する機素は，A，B，Cの三つである。機素Bは機素Cに対して水平方向に回り，機素Aは機素Bに対して上下方向に回転する。すなわち，式（1.2）において，$n=3$，$p_1=2$，$p_3=p_4=p_5=0$ であるから，$f=2$ を得る。

1.3 機構の自由度

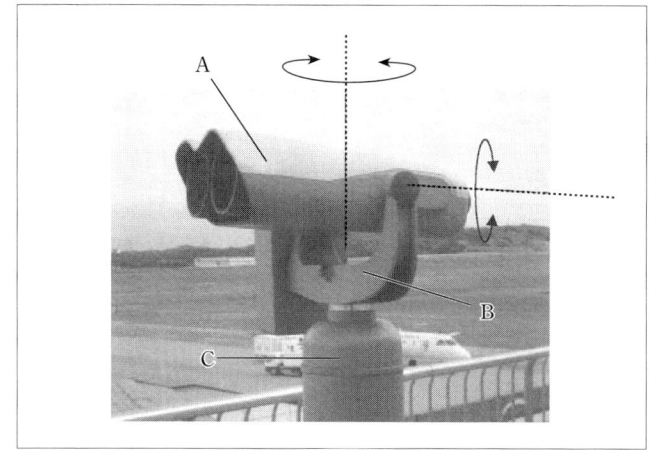

図 1.8 双眼鏡の支持機構

双眼鏡は任意の方向に向けることができるので，上下方向の傾きを表すパラメータと左右方向の向きを表すパラメータの二つにより機構の状態を表すことができると考えれば自由度が 2 であることが容易に確認できる．このように，回り対偶をなす一方の機素の上に，別の回り対偶を回転軸を直交させて構成した機構は**ジンバル機構**と呼ばれる．

上記二つの例は，わざわざ計算をするまでもなく直感的にも自由度がわかる機構であるが，複雑な機構に対しては，式 (1.1) および式 (1.2) は実用上有用な式である．

式 (1.1)，(1.2) の適用にはいくつか注意が必要である．

一つは，複数の対偶の動作軸が一軸に重なる場合の取り扱いである．例として，**図 1.9** に示す機構を取り上げる．この機構は三つの機素 A, B, C からなり，機素 A 上に形成されたシャフトに機素 B, C の穴がはまり込んで回り対偶をなしている．このような場合，機素 A と機素 B，および機素 A と機素 C がそれぞれ対偶をなすと考える．この二つの対偶によってこの機構は成立するので，機素 B と機素 C が別の対偶をなすとは考えない．このように考えると式 (1.2)

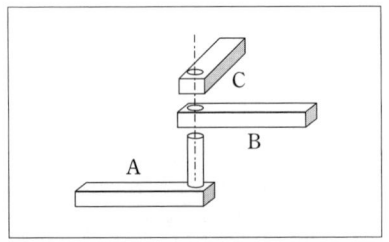

図1.9 複数の対偶が一軸に重なる機構の一例

において，$n=3$，$p_1=2$，$p_2=0$ となり，この機構の自由度は2となり直感的理解と一致する。

　もう一つの注意点は，各機素がある特別な寸法になると，式 (1.1) や式 (1.2) の誘導過程で考えたようには自由度が拘束されず，実際には計算よりも大きな自由度を持つ場合があることである。例えば，**図1.10** に示す二つの機構 (a)，(b) を考えてみよう。上下にある二つの機素A，Bは，三つの機素C，D，Eとそれぞれ回り対偶を形成している。機構の構成はどちらも同じであるが，図 (b) の機構では機素C，D，Eは長さが等しく平行に構成される。式 (1.2) を適用すると，$n=5$，$p_1=6$，$p_2=0$ となり，どちらの機構も自由度は0となる。しかし，図 (a) の機構では自由度は0となるが，図 (b) の機構では，機素AとB，および機素C，D，Eがたがいに平行を保ったまま動作する。これは機素C，D，Eの長さが同じでたがいに平行に設定されているため

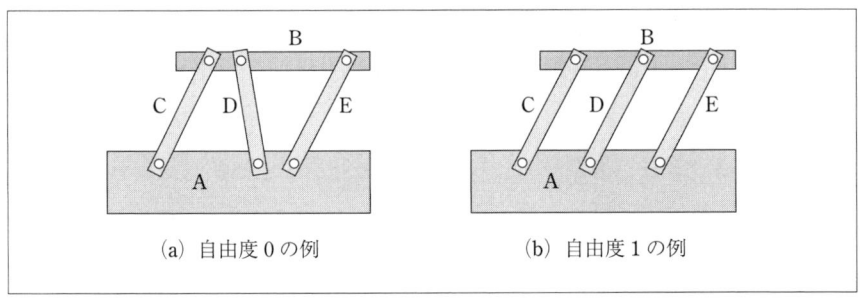

図1.10 寸法による自由度の違い

に自由度が完全に拘束されないからである。

演習問題

[1] バスのドアの開閉機構（図 1.11 参照）をスケルトン表示して，機素および対偶をすべて指摘せよ。

図 1.11　バスのドアの開閉機構

[2] 大型車のワイパー機構（図 1.12 参照）をスケルトン表示して，ワイパーブレードが平行運動する理由を説明せよ。

図 1.12　ワイパー機構

[3] 図 1.13 (a) に示す脚立の自由度を式 (1.1) を利用して求めよ。もし，図 (b) のような構成にするとどうなるか説明せよ。

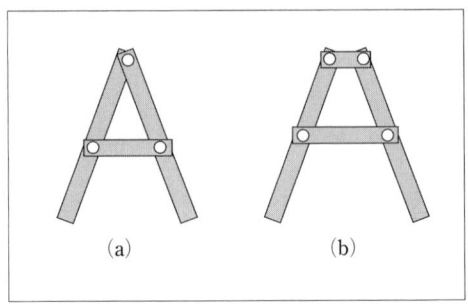

図 1.13　脚立の構成

[4]　図 1.2 に示したスライダクランク機構において，もし，機素 C の動きに関心がなければ，図 1.2 の機構は，**図 1.14** のように解釈することもできる。すなわち，A，B，C の三つの機素からなり，A と B，B と C がそれぞれ回り対偶を，C と A が回りすべり対偶（図 1.6（f））をなすというモデルである。式（1.1）を利用してこの機構の自由度を計算せよ。

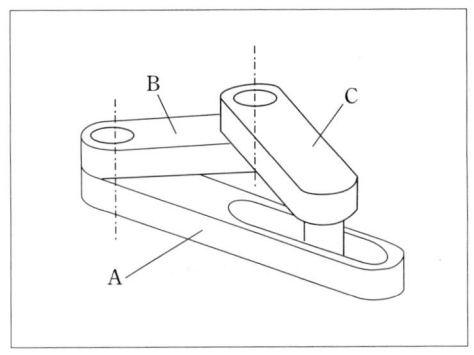

図 1.14　スライダクランク機構に類似した機構の自由度

[5]　図 1.15 に示すように二つのかみあう歯車 A，B とベース部 C からなる機構の自由度について，式（1.1）を適用して考えてみよ。

演習問題

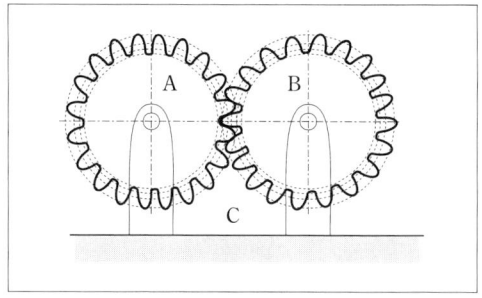

図1.15　歯車機構の自由度

[6] 図1.5の機構において，テーブルとピストン，シリンダと据付地面は，それぞれどのような自由度の対偶で結ばれるべきか．式（1.2）に基づいて考察せよ．

[7] 図1.16は油圧シリンダで駆動される自由度3のロボット関節機構の例である．3本の油圧シリンダを駆動することで，アームAに対してアームBを任意方向へ傾けたり，軸方向に伸ばしたりすることができる．アームAとシリンダを回り対偶で結合するとき，ピストン先端とアームBはどのような対偶で結合すればよいか．ただし，ピストンはシリンダの軸周りには回転しないタイプの油圧シリンダを用いるものとする．

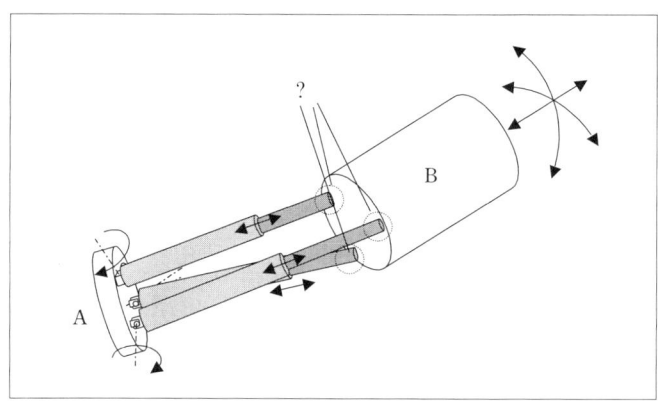

図1.16　3本の油圧シリンダによる3自由度関節機構

[8] 図1.17はアクティブ多面体と呼ばれる30本の空圧シリンダで構成されたリンク機構である．各シリンダにはその動きを検出するセンサが取り付けられている．コンピュータの中にも同じ機構のモデルが構築されており，アクティブ多面体を変形させるとディスプレイ上のモデルも同じように変形する．モデルの

図1.17 アクティブ多面体[22]

剛性パラメータを変えるとアクティブ多面体の柔らかさも変わる．力や運動情報を取り扱える新しいマンマシンインタフェースとして研究が進められている．

各頂点には五つの各シリンダの端末が集まり，たがいに任意方向に曲がるように球面軸受けで支持される．シリンダとピストンは伸び縮みするだけで回転はしない．頂点の数は12である．この機構の自由度を計算せよ．

[9] 図1.18は大型ジェット旅客機の脚機構である．どのように動作するか考え，機素および対偶を指摘せよ．

図1.18 大型ジェット旅客機の脚機構

2 平面リンク機構の種類と特徴

複数の剛体の機素を回り対偶，すべり対偶，回りすべり対偶等によって結んだ機構を**リンク機構**（linkage mechanism）と呼ぶ。そのうち，平面機構を**平面リンク機構**と呼ぶ。リンク機構を構成する機素をリンクまたは節と呼ぶ。

2.1　4節リンク機構の概要

　平面リンク機構の中で最も基本となるものは，四つのリンクから構成される**4節リンク機構**（four-bar linkage mechanism）である。

　これは四つのリンクが順に回り対偶またはすべり対偶により接続された閉ループ機構である。実用されている機械には4節リンク機構の組合せで構成されているものがきわめて多く，4節リンク機構の特長を理解しておくことが重要である。

　図2.1に，4節リンク機構の構成を一般化して示す。一般に4節リンク機構は，四つのリンク（A，B，C，Dで図示）が順に四つの1自由度対偶（a，b，c，dで図示）で接続される。4節リンク機構は，それを構成する対偶の種類によって

1. 4節回転リンク機構
2. スライダクランク機構

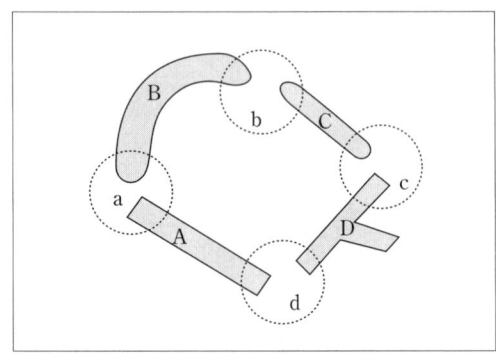

図 2.1 4節リンク機構の一般的構成

3. 両スライダクランク機構
4. スライドてこ機構

の4種類に分類される。それぞれの機構の特徴について，以下，順に説明する。

2.2　4節回転リンク機構

四つの対偶がすべて回り対偶で構成される4節リンク機構を**4節回転リンク機構**と呼ぶ。図2.2に示すパワーショベルではA部に4節回転機構が構成されている。

A部：4節回転機構，B部：スライダクランク機構

図 2.2　パワーショベルにみられる4節リンク機構

2.2　4節回転リンク機構

一つのリンク上にある二つの回り対偶間の距離をリンクの長さと呼ぶことにする。四つのリンクが閉ループ機構を構成するためには，最長リンクは他の三つのリンクの長さの和よりも短い必要がある。これは幾何学的に容易に理解できる。また，4節回転リンク機構は，四つのリンクの長さの関係によってその性質が異なり，グラスホフ機構と非グラスホフ機構の二つに大きく分類される。

2.2.1　グラスホフの定理

4節回転リンク機構において，最短リンクがこれと対偶をなすリンクに対して完全に（360°）回転できるには，最短リンクと他の一つのリンクの長さの和が，残り二つのリンクの長さの和より小さくなくてはならない。これは，**グラスホフの定理**（Grashof's theorem）と呼ばれ，この条件を満たす4節回転機構を**グラスホフ機構**，満たさないものを**非グラスホフ機構**と呼ぶ。

グラスホフの定理は，**図2.3**において三角形の成立条件を考えれば容易に導

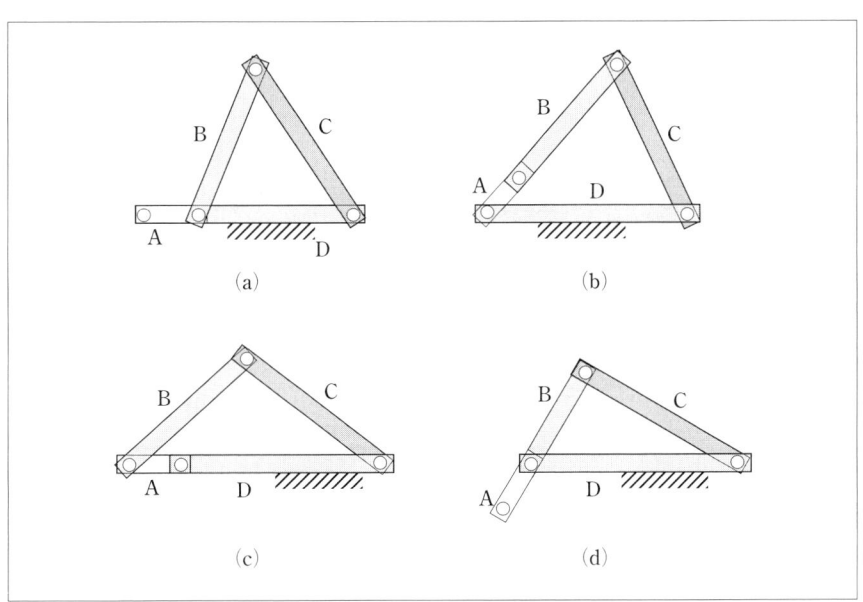

図2.3　グラスホフの定理

き出される。

$$\left.\begin{array}{l} a+b<c+d \quad (図(a),(b)より) \\ a+c<b+d \quad (図(a),(d)より) \\ a+d<b+c \quad (図(c),(d)より) \end{array}\right\} \quad (2.1)$$

ただし，a，b，c，dは，それぞれリンクA，B，C，Dの長さとする。

非グラスホフ機構では，どの対偶も揺動運動を行う。揺動運動とは360°未満の角度で振れ動く運動を意味し，360°以上回転する回転運動とは区別して呼ぶことにする。

●例2.1　グラスホフ機構を構成する条件

図2.3の機構において，$b=1$，$c=0.8$，$d=1.2$のとき，この機構がグラスホフ機構となる条件を求めてみよう。

式（2.1）から

　　$a+1<0.8+1.2$

　　$a+0.8<1+1.2$

　　$a+1.2<1+0.8$

すなわち

　　$0<a<0.6$

2.2.2　グラスホフ機構の交替

一般に機構は，その機素の一つが地面や機構が搭載される装置に固定されて初めて機能する。固定する機素を替えることによって見かけ上まったく動きが異なった機構が得られる。これを**機構の交替**（mechanism inversion）と呼ぶ。機構の交替により別の視点から機構を見ることができ，新しい機構の発想が行える場合がある。

グラスホフ機構について機構の交替を行うと，つぎの3種類の機構が導ける。一般に，揺動運動を行うリンクは**てこ**（rocker），回転運動をするリンクは**クランク**（crank）と呼ばれるので，固定されたリンクと対偶をなす二つの

2.2 4節回転リンク機構

リンクの名前を組み合わせて機構の名称がつけられている。

(a) てこクランク機構

最短リンクと対偶をなすリンクDを固定すると，**図2.4**（a）に示すように，固定リンクに対して回転運動を行うリンクAと，揺動運動を行うリンクCが得られる。**てこクランク機構**（rocker-crank mechanism）は，回転運動と揺動

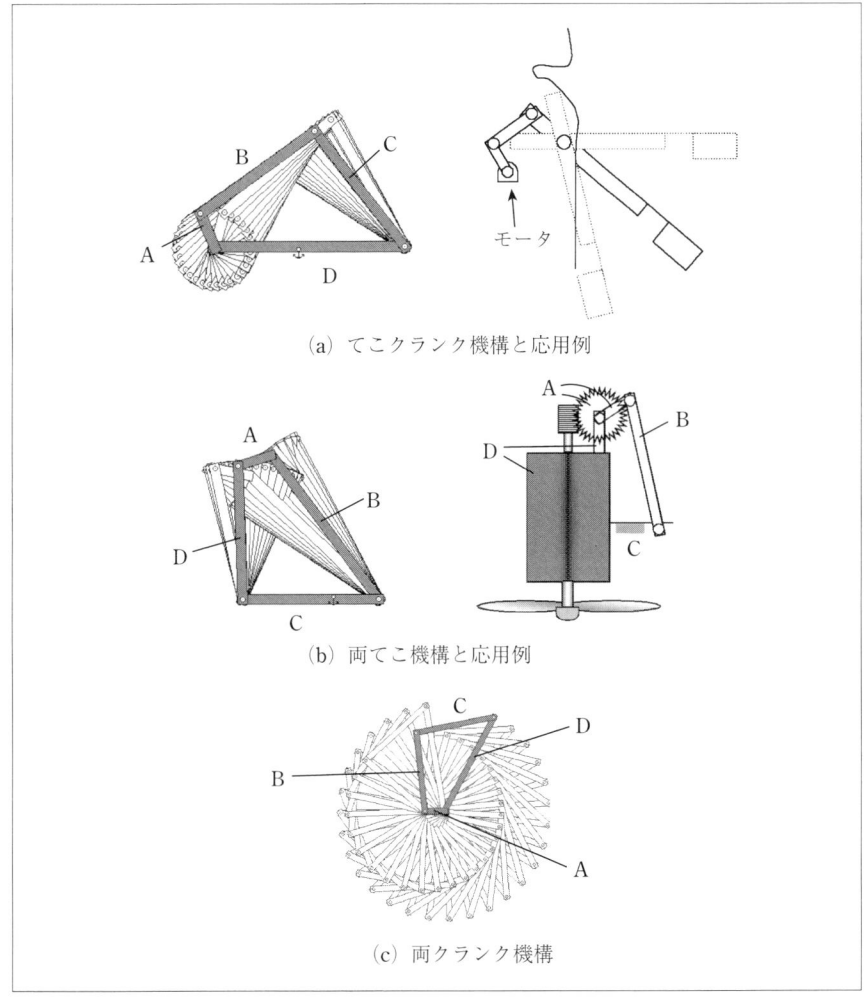

(a) てこクランク機構と応用例

(b) 両てこ機構と応用例

(c) 両クランク機構

図2.4 機構の交替によって得られる各種のグラスホフ機構

運動間の運動変換に用いられる機構である．

図 (a) の右側の図は，道路工事の現場で用いられる車の誘導人形の腕の振り機構であり，モータの回転運動が腕の揺動運動に変換されている．

(b) 両てこ機構

最短リンクと対向するリンク C を固定すると，図 (b) のように固定リンクと対偶をなす二つのリンク B，D は固定リンクに対してどちらも揺動運動を行う．これを**両てこ機構**（double rocker mechanism）という．最短リンク A は，対偶をなす二つのリンク B，D に対して回転運動をする．

図 (b) の右側の図は，扇風機の首振り機構への応用例である．図に示すようにリンク D に扇風機のモータを，リンク A にウォームホイール（図 4.1 参照）を，それぞれ固定する．モータ軸に図に示すように，ウォームギヤが取り付けられ，リンク A に固定したウォームホイールを回転させる．これによってリンク D の揺動運動が実現される．

(c) 両クランク機構

最短リンクを固定すると，固定系と対偶をなす二つのリンクはどちらも回転運動を行う（図 (c)）．これを**両クランク機構**（double crank mechanism）という．

2.2.3 平行リンク機構

4 節回転機構において，向い合うリンクの長さをそれぞれ等しくした機構は平行リンク機構と呼ばれ，対向するリンクがつねに平行に保たれる（例えば，図 1.12 参照）．ロボットではこの性質を利用した機構がしばしば用いられる．

図 2.5 は平行リンク機構を利用したロボットハンドの一例である．平行リンク機構を用いることで二つの指先を平行に開閉することができる．

●**例 2.2　パレタイジングロボットにおける平行リンク機構**

図 2.6 にパレタイジング（palletizing）用の 4 自由度ロボットアームを示す．パレタイジングとは物流分野でダンボールや荷物を移動させたり積み上げたり

2.2 4節回転リンク機構

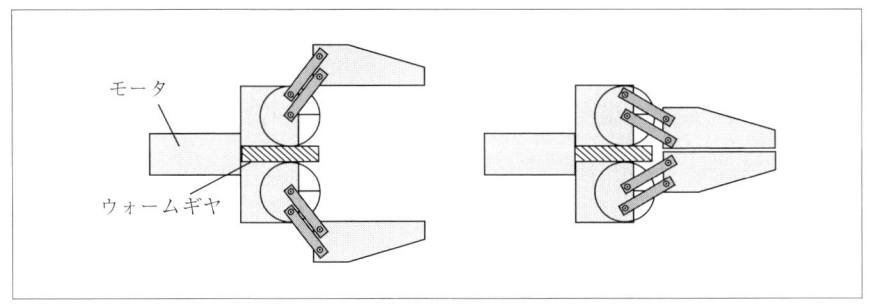

図2.5 平行リンク機構を利用したロボットハンド

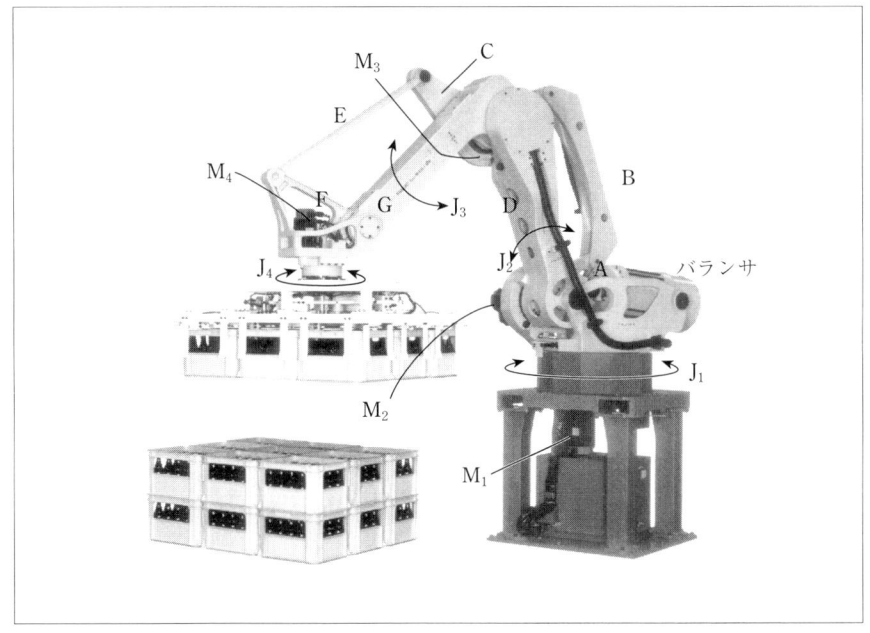

図2.6 パレタイジングロボットにおける平行リンク機構
〔ファナック(株)〕

する作業である．ロボットは，四つのモータM_1，M_2，M_3，M_4を持ち，垂直軸回りの旋回運動J_1，J_4，および垂直面内での二つの揺動運動J_2とJ_3の4自由度の動作が行える．

パレタイジングでは手先をつねに垂直に保つ必要がある．このために，この例では，それぞれ，リンクA，B，C，D，およびリンクC，E，F，Gから構成

される二つの平行リンク機構が用いられている．リンクDはモータM_2によって駆動されるが，リンクA，B，C，Dが平行リンク機構を構成するためにリンクCはつねに一定の傾きに保たれる．一方，リンクGはリンクCに搭載されたモータM_3によって駆動されるが，リンクC，E，F，Gが平行リンク機構を構成するためにリンクFはつねに一定の傾きに保たれる．

2.2.4 カプラの軌道

機構において，原動側の機素を**ドライバ**（driver），望みの動きをして仕事を行う機素を**フォロワ**（follower），ドライバとフォロワを結びつける機素を**カプラ**（coupler）と呼ぶことがある．てこクランク機構では，通常，クランクがドライバ，てこがフォロワ，てことクランクを結ぶリンクがカプラとなる場合が多い．しかし，カプラに固定された点は，その位置やリンク機構を構成する各リンクの長さによっていろいろな興味深い軌道を描くので，これを利用する場合もある．

図 **2.7** は，四つのリンクA，B，C，Dによって構成されるてこクランク機構の一例である．リンクAが図 (a) のように回転運動を行うとリンクCが揺動運動を行う．カプラBは，大きな四角形のリンクで描かれており，それぞれ点O_{AB}と点O_{BC}においてリンクA，Cと回り対偶をなす．

リンクB上の20個の点の動きをみてみよう．

図中1～20の番号を振った各点は，その位置によっていろいろな形の軌跡を描く（図 (b)），簡単に分類整理することはできないが，おおよそ

1. 楕円形（外側に凸の緩やかな曲線を外形に持つタイプ，4, 9, 10, 14, 15, 16, 17）
2. 涙形（とがった角を一つ持つタイプ 5, 6, 7, 8, 13）
3. ブーメラン形（凹の外形曲線を持つタイプ，3, 11, 12）
4. 8の字形（1, 2, 18）

の典型的なタイプに分類される．

このように，てこクランク機構の各リンクの寸法を適切に設計することによ

2.2 4節回転リンク機構

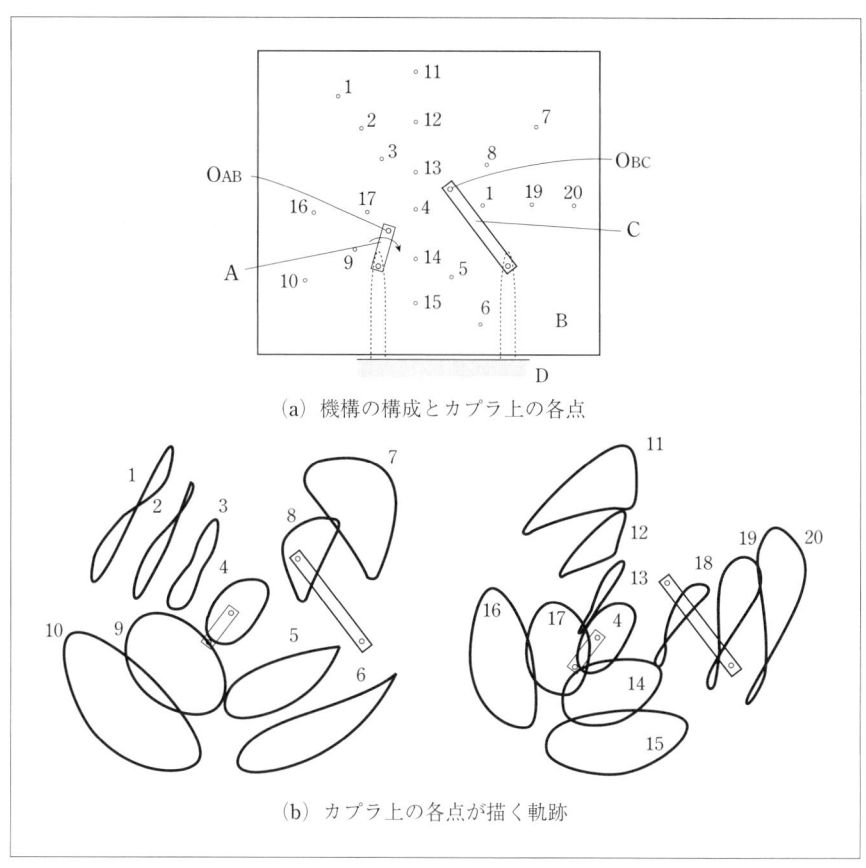

(a) 機構の構成とカプラ上の各点

(b) カプラ上の各点が描く軌跡

図 2.7 てこクランク機構におけるカプラの軌跡

って，最短リンクの回転運動から目的に応じた閉曲線の運動が得られる．

●例 2.3 脚 機 構

図 2.8 は，歩行ロボットの脚機構への応用例である．一般に，脚の先端は，蹴り行程（接地相）と戻り行程（遊脚相）からなる閉ループの軌跡を描く必要がある．さらに，戻り行程では速い動きが，蹴り行程ではロボット本体の上下動を抑えるために直線状の軌跡を描くことが求められる．

図に示す機構は**チェビシェフの擬似直線機構**として知られ，点 A に設置し

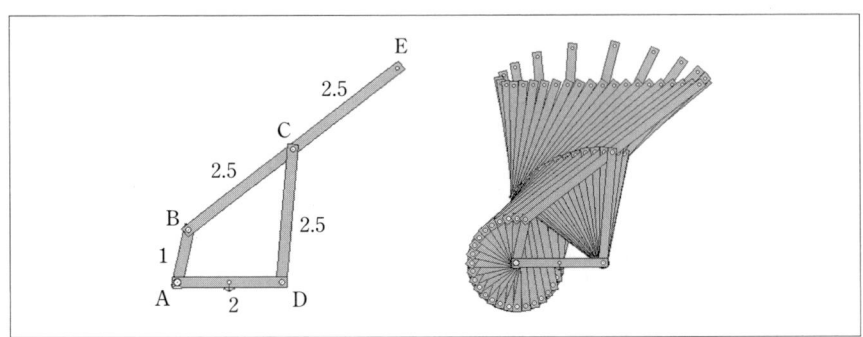

図 2.8 カプラの動きを利用したロボットの脚軌跡生成
（チェビシェフの擬似直線機構）

たモータの回転運動から容易に上述のような脚軌跡が得られるので，ロボットコンテスト等でもしばしば用いられる機構である。これは，リンクAB，CDと，それらが回り対偶で接続されるベースADと，カプラとなるリンクBEから構成される4節回転リンク機構である。ここで，AD = 2AB，BC = CD = CE = 2.5ABとすると，リンクBEの先端Eは図のように理想的な脚軌跡を描く。

ただし，脚軌跡はこの機構の上部で描かれるので点Eをそのまま脚の先端として用いることはできない。この動きを脚に伝達するには別の機構が必要である。その一例を**図 2.9**に示す。これは，平行リンク機構と組み合わせたもので，チェビシェフの擬似直線機構が生成する点Eの軌跡を拡大して脚先端に伝えることができる。

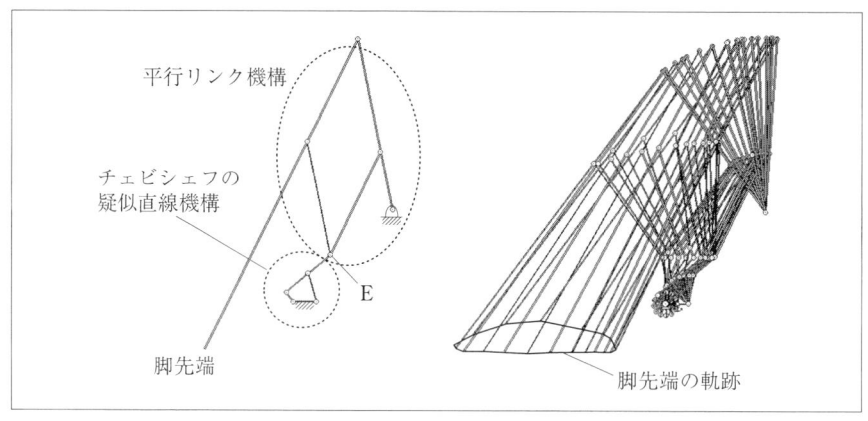

図2.9 チェビシェフの擬似直線機構を用いたロボットの脚機構とその動作

2.3　スライダクランク機構

図2.1において，三つの回り対偶と一つのすべり対偶から構成される機構は**スライダクランク機構**（slider-crank mechanism）と呼ばれる。2.2節で述べた4節回転リンク機構と並んで，頻繁に用いられるリンク機構の一つである。図2.2で示したショベルカーでは，B部にスライダクランク機構が構成されていることがわかる。

スライダクランク機構では機構の交替によって**図2.10**に示す四つのリンク機構が存在する。滑り対偶をなす機素の一つAを固定すると，図2.10（a）に示す往復スライダクランク機構が得られる。これは，図1.2のエンジンの例でもみられるように頻繁に用いられる機構である。最短リンクBを固定すると図2.10（b）に示す回りスライダクランク機構が得られる。スライダと回り対偶をなす機素Cを固定すると，図2.10（c）に示す揺動スライダクランク機構が得られる。これは，例えば，3.5節で例題として扱う工作機のテーブル駆動機構や，図3.21に示すような揺動シリンダ機構で用いられる。スライダDを固定すると，図2.10（d）に示すような固定スライダクランク機構が得られる。

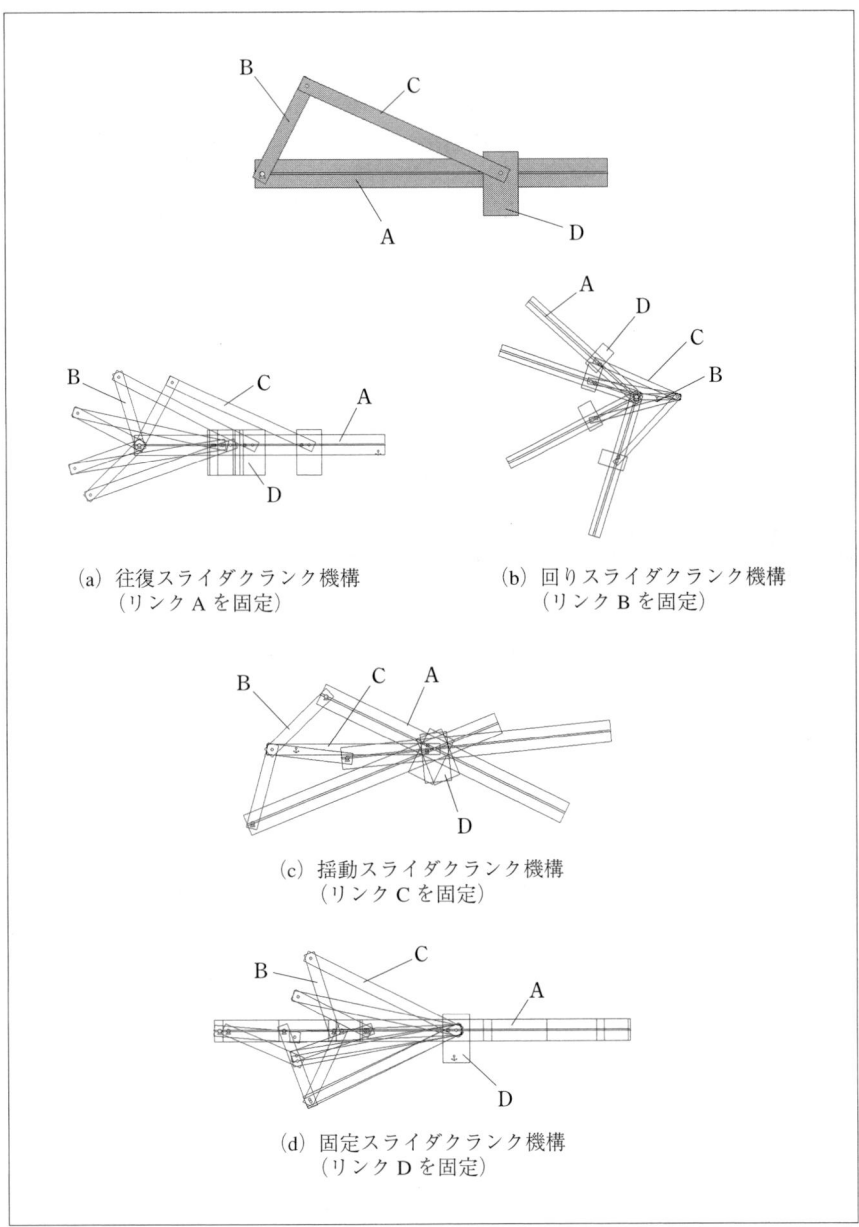

図2.10 連鎖の置換えによる各種スライダクランク機構

2.4　両スライダクランク機構

図2.1において四つの対偶が，すべり対偶，すべり対偶，回り対偶，回り対偶の順で構成される機構を**両スライダクランク機構**と呼ぶ。

両スライダクランク機構の一例を**図2.11**に示す。リンクAに対してリンクBとDが滑り対偶をなし，リンクCがリンクBとDとそれぞれ回り対偶をなす。四つのリンクのうちどのリンクを固定するかによって3種類の機構が存在する。ここでは具体的には示さないが，章末の演習問題［2］で考えてみてほしい。

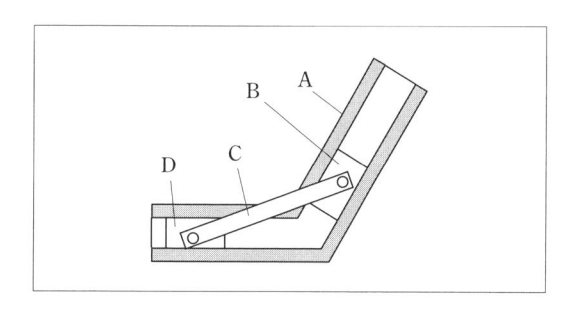

図2.11　両スライダクランク機構

2.5　スライダてこ機構

図2.1において四つの対偶が，すべり対偶，回り対偶，すべり対偶，回り対偶の順で構成される機構を**スライダてこ機構**と呼ぶ。

スライダてこ機構の一例を**図2.12**に示す。四つの機素A，B，C，Dから構成される。

この機構では，機構の交替により新たな機構は得られない。

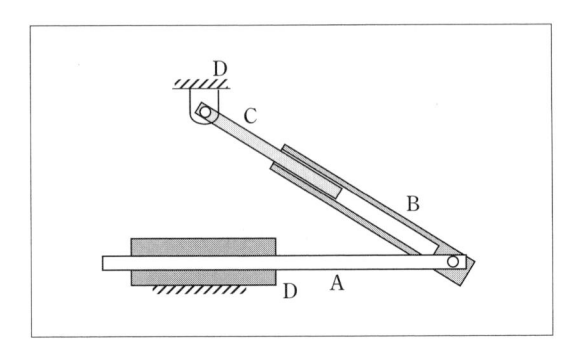

図2.12 スライダてこ機構の一例

2.6 その他のリンク機構

　いままで述べた4節リンク機構以外の平面リンク機構をいくつか紹介する。まず，2自由度の対偶を有する機構についてみてみよう。**図2.13**に航空機への貨物搬入に用いられているリフト車の例を示す。大きな負荷がかかっても貨物を搭載するリンクを安定して水平に保つために工夫された機構である。図には大小二つのリフトが示されているがここでは大型リフトの機構を例にとって考えよう。

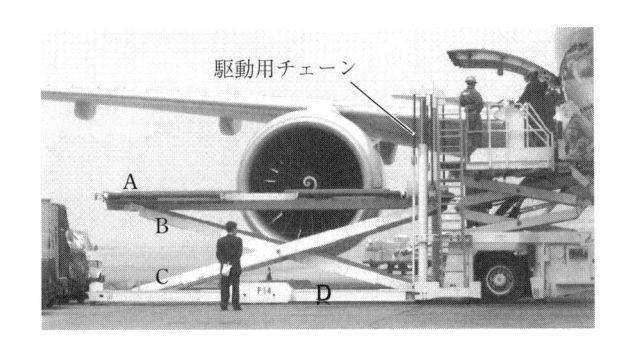

図2.13　リフト機構の例

これは，A，B，C，Dで示す四つのリンクから構成され，リンクAとC，BとC，BとDはそれぞれ回り対偶で連結されている．また，リンクAとB，CとDはそれぞれすべり回り対偶で連結される．これにより，リンクAは大きな負荷がかかってもつねに水平に保たれる．本機構は式（1.1）において，$n = 4$，$p_1 = 3$，$p_2 = 2$と解釈でき，同式から$f = 1$，つまり1自由度を有し，リンクAはチェーンによって引き上げられる．

つぎに多自由度のリンク機構をみてみよう．**図2.14**に示すロボットアームでは，四つのリンクA，B，C，Dと基部Eの五つの機素から構成される．ロボット基部Eに設けられた二つの電動モータによりリンクA，Bがそれぞれ独立して駆動され，ロボット先端（リンクC，Dの交点）の位置決めを行う．

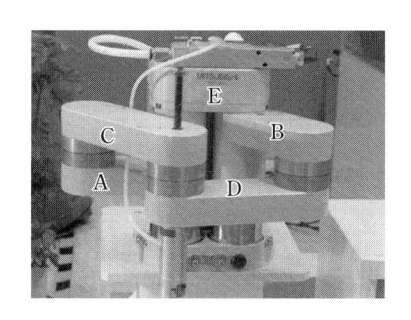

図2.14 5節回転リンク機構を利用したロボットアームの例〔三菱電機（株）〕

演習問題

[1] 本章で述べたように，最も頻繁に用いられる閉ループの平面リンク機構は4節リンク機構である．どうして4なのかを，現在実用されている機構には1自由度の対偶を用いた1自由度のものが多い点を踏まえ，式（1.1）を用いて説明せよ．

[2] 両スライダクランク機構に対して機構の交替を行い，3種の機構を示せ．

[3] 図2.14に示したロボットアームは，アーム先端軸を垂直に保ったまま水平面内を駆動する点で，図1.3で示したスカラロボットと似ている．両者を比較し

た場合どのような特長の違いがあるか考察せよ。

[4] 図2.15に示す平行リンク機構は，各リンクの長さを適切に設計することにより，点Qが点Rと相似の図形を描く。これを利用して，図を拡大して描く道具や，ロボットの脚やアームで用いられる。このような機構はパンタグラフ機構と呼ばれる（図2.9参照）。

点Qが点Rとつねに相似の図形を描くためには，各リンクの長さをどのように設計したらよいか。$\overline{OS}$の長さを1として，各部の長さl, m, nが満たすべき関係を求めよ。また，このとき拡大率はいくつになるか。

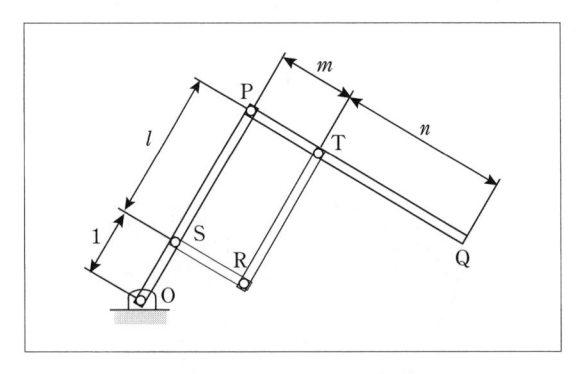

図2.15　パンタグラフ機構

[5] 図2.16に示すような片側リンクのパンタグラフにおいて，架線に接触するリンクを架線に対してつねに平行に保持するにはどのような機構を構成すればよいか。

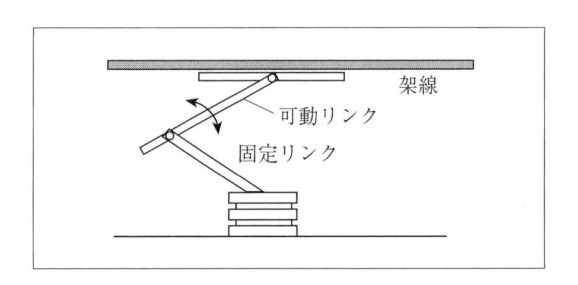

図2.16　片側パンタグラフの例

[6] 図2.17に示すクレーンは，港の埠頭において貨物の積み下ろしに用いられる。これは四つの回り対偶O，P，Q，Rで結合された三つの可動リンクOP，PQ，

図2.17 クレーンにみられる4節回転リンク機構
〔石川島運搬機械(株)〕

QRと固定リンクORから構成される4節回転リンク機構である。

このようなクレーンでは案内レールのない空間でつり下げた貨物を水平に動かすことが必要である。この機構はクレーン先端がほぼ水平に動くように設計されている。写真から各リンクの長さを読み取って図面に描き，リンクOPを揺動させると，リンクPQの先端Sがほぼ水平に動作することを確認せよ。

3 平面リンク機構の解析

機構の運動や力を解明することを**機構解析**(analysis of mechanisms)と呼ぶ。機構解析は，運動解析と力解析に分けられる。

運動解析では，各機素の相対運動を幾何学的に解析する。これには，位置解析，速度解析，加速度解析が含まれる。アクチュエータを駆動することにより機構の各部がどのような運動をするか，また逆に，特定の機素に望みの動きを行わせるにはアクチュエータをどのように動かしたらよいか等の問題を扱う。

力解析では，機素間に働く力を考えることで，機構の各部に発生する力やトルク，また，アクチュエータに要求される力やトルクを求める。

本章では，平面リンク機構を対象に，これらの問題を取り扱う数種の手法について学ぶ。

3.1 数式による運動解析

数式を用いて機構の運動を解析する方法について実例に沿って述べる。

3.1.1 1自由度閉ループ機構の解析的解法

図3.1に示すスライダクランク機構を例にとって，数式による1自由度閉ループ運動解析例を示す。一般に，機構の変位，速度，加速度を解析することをそれぞれ変位解析，速度解析，加速度解析と呼ぶ。ここでは，クランクの回転角 θ，角速度 $\dot{\theta}$，角加速度 $\ddot{\theta}$ からスライダの位置 x，速度 $\dot{x}$，加速度 $\ddot{x}$ を求め

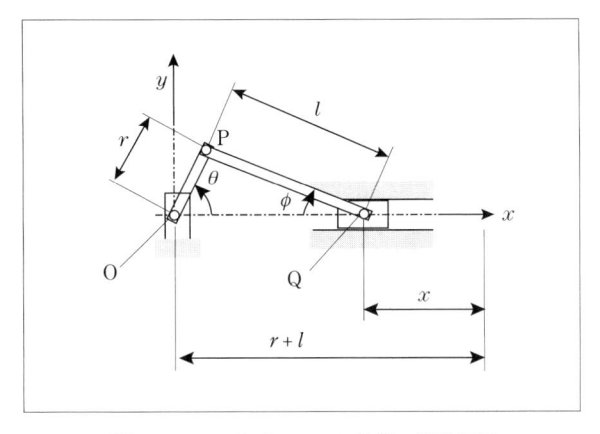

図3.1 スライダクランク機構の運動解析

る問題を考えてみよう。

角OQPをϕとおくと,図より

$r\cos\theta + l\cos\phi = r + l - x$

$r\sin\theta - l\sin\phi = 0$

$$\therefore x = r(1 - \cos\theta) + l\left\{1 - \sqrt{1 - \left(\frac{r}{l}\right)^2 \sin^2\theta}\right\} \tag{3.1}$$

式(3.1)を時間tで微分すると

$$\dot{x} = \frac{dx}{dt} = \frac{dx}{d\theta} \cdot \frac{d\theta}{dt}
= \left\{r\sin\theta + \frac{r^2}{2l\sqrt{1 - \left(\frac{r}{l}\right)^2 \sin^2\theta}} \sin 2\theta\right\}\dot{\theta} \tag{3.2}$$

さらに式(3.2)を時間tで微分すると

$$\ddot{x} = \frac{d\dot{x}}{dt} = \frac{d[\ ]}{dt}\dot{\theta} + [\ ]\ddot{\theta} = \frac{d[\ ]}{d\theta}\dot{\theta}^2 + [\ ]\ddot{\theta} \tag{3.3}$$

ただし

$$[\ ] = r\sin\theta + \frac{r^2}{2l\sqrt{1-\left(\frac{r}{l}\right)^2\sin^2\theta}}\sin 2\theta$$

$$\frac{d[\ ]}{d\theta} = r\cos\theta + \frac{r^4}{4l^3}\left\{1-\left(\frac{r}{l}\right)^2\sin^2\theta\right\}^{-\frac{3}{2}}\sin^2 2\theta + \frac{r^2}{l}\cos 2\theta\left\{1-\left(\frac{r}{l}\right)^2\sin^2\theta\right\}^{-\frac{1}{2}}$$

この例では，x, $\dot{x}$, $\ddot{x}$ がそれぞれ θ, $\dot{\theta}$, $\ddot{\theta}$ の関数として式 (3.1) ～ (3.3) で示された。このように目的とする変数を与えられた変数の関数式として導くことを「解析的に解く」といい，得られた数式を**解析解**と呼ぶ。

解析解が得られれば，それをコンピュータに組み込むことで，種々のパラメータを変更しながらそれに対応した数値が容易に求められる。また，制御コンピュータに組み込めば機構のリアルタイム制御にも利用できる。しかし，一般的にいえば，機構の運動問題を解析的に解くのは容易ではなく，解析解が得られない場合も多い。

このスライダクランク機構の例でも，逆にスライダの位置 x, 速度 $\dot{x}$, 加速度 $\ddot{x}$ からクランク角 θ, クランク角速度 $\dot{\theta}$, クランク角加速度 $\ddot{\theta}$ を解析的に求める（すなわち，数学的にいえば，式 (3.1) ～ (3.3) からなる連立方程式を θ, $\dot{\theta}$, $\ddot{\theta}$ に対して解く）ことは困難である。このような場合，コンピュータを用いた数値解析が行われる。数値解析については 3.2 節で述べる。

例題 3.1 シリンダ内径 87 [mm]，ストローク 84 [mm]，コンロッド長さ 110 [mm] の 4 気筒 4 サイクルガソリンエンジンが 2 000 [rpm] で回転している。ピストンが上死点にあるとき，ピストンの加速度を計算せよ。ただしクランクシャフトは一定の速度で回転しているものとする。

解答 式 (3.3) において，$r = 42$ [mm]，$l = 110$ [mm]，$\theta = 0$ [rad]，$\dot{\theta} = 2\pi \times 2000/60$ [rad/s] $= 209.3$ [rad/s]，$\ddot{\theta} = 0$ [rad/s^2] であるから

$$\ddot{x} = 2.54 \times 10^3 \text{ [m/s}^2\text{]} \qquad \diamondsuit$$

3.1.2 2自由度開ループ機構の運動解析

図3.2の機構は，リンクAを駆動する回転関節1と，リンクAに対して滑り対偶をなすリンクBを駆動する直動関節2からなり，二つの関節の駆動によってアーム先端をx, y平面上で移動させる。この機構は5章で示す円筒形ロボットとして用いられる。

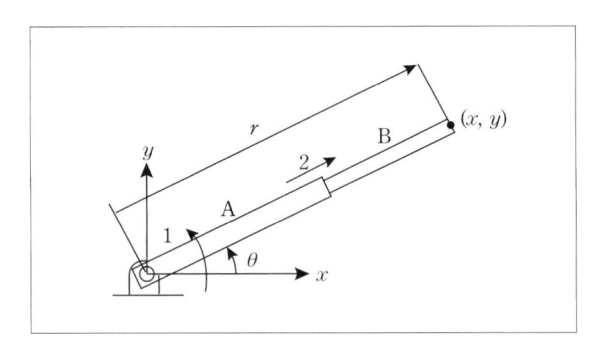

図3.2 極座標形2自由度機構の運動解析

この機構を例に，基本的な運動解析について学ぼう。

まず，先端位置x, yと関節変位r, θの関係を明らかにしよう。

これは，容易に次式で求められる。

$$\left.\begin{aligned} x &= r\cos\theta \\ y &= r\sin\theta \end{aligned}\right\} \tag{3.4}$$

このように，各関節の変位からアーム先端の位置を求めることを**順運動学解析**と呼ぶ。

ロボットの制御では，アーム先端の目標位置が与えられ，ここから各関節の変位を求める場合が多い。これを**逆運動学解析**と呼ぶ。この例では，式（3.4）をr, θについて解くことで，次式で与えられる。

$$\left.\begin{aligned} r &= \sqrt{x^2 + y^2} \\ \theta &= \mathrm{atan2}(y, x) \end{aligned}\right\} \tag{3.5}$$

なお，atan2については，章末にある補足3.1を参照のこと。

ここでは簡単な例をとったので,順運動学も逆運動学も容易に解析解が得られたが,自由度が増え立体機構となると計算は複雑になってくる。これについては6章で詳しく扱う。

つぎに,アーム先端と各関節の速度および加速度の関係を求めてみよう。式 (3.4) を時間で微分することにより次式を得る。

$$\left. \begin{array}{l} \dot{x} = \dot{r}\cos\theta - r\sin\theta\,\dot{\theta} \\ \dot{y} = \dot{r}\sin\theta + r\cos\theta\,\dot{\theta} \end{array} \right\} \quad (3.6)$$

式 (3.6) を時間でさらに微分すると次式を得る。

$$\left. \begin{array}{l} \ddot{x} = \ddot{r}\cos\theta - 2\dot{r}\sin\theta\,\dot{\theta} - r\cos\theta\,\dot{\theta}^2 - r\sin\theta\,\ddot{\theta} \\ \ddot{y} = \ddot{r}\sin\theta + 2\dot{r}\cos\theta\,\dot{\theta} - r\sin\theta\,\dot{\theta}^2 + r\cos\theta\,\ddot{\theta} \end{array} \right\} \quad (3.7)$$

ここで,式 (3.7) の各項の物理的意味を考えてみよう。これは,**図3.3**に示すように,アームの長手方向の成分とそれと直角方向の成分に分けて考えると理解しやすい。

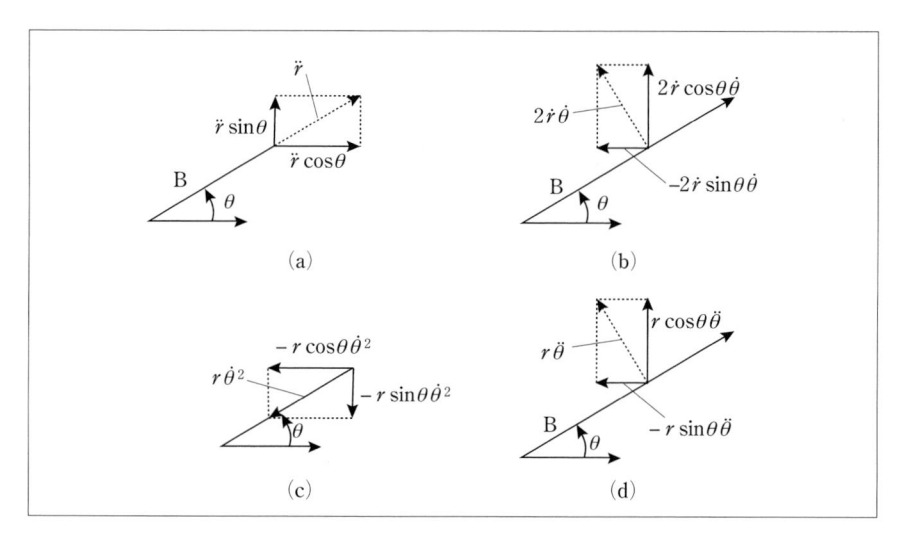

図3.3 極座標形2自由度機構の加速度解析

まず,両式の第1項である $\ddot{r}\cos\theta$ と $\ddot{r}\sin\theta$ について考えてみよう。これはそれぞれ x,y 方向の加速度成分であるから,両項のベクトル和をとると図 (a)

に示すようにアーム長手方向の加速度 $\ddot{r}$ となる。すなわちこれは，リンクBがアーム長手方向に動作する加速度そのものである。

同様に，式 (3.7) の第2項目 $-2\dot{r}\sin\theta\,\dot{\theta}$ と $2\dot{r}\cos\theta\,\dot{\theta}$ は図 (b) に示すようにアームと直角方向の加速度 $2\dot{r}\dot{\theta}$ となり，**コリオリの加速度**であることがわかる。大部分のロボットは回転するリンク上をつぎのリンクが動作する構造を持っており，ロボット機構の解析ではコリオリの加速度は頻繁に現れる。

式 (3.7) の第3項目 $-r\cos\theta\dot{\theta}^2$ と $-r\sin\theta\dot{\theta}^2$ は図 (c) に示すように求心加速度である。

第4項目 $-r\sin\theta\,\ddot{\theta}$ と $r\cos\theta\,\ddot{\theta}$ は図 (d) に示すようにアームと直角方向の加速度 $r\ddot{\theta}$ となり，回転加速度 $\ddot{\theta}$ によって生じる加速度である。

例題 3.2 図3.2に示した極座標形2自由度機構のアーム先端にかごを取り付け体重 600〔N〕の人が乗る。直動関節の長さ r が 5〔m〕のとき，回転関節と直動関節がそれぞれ，毎秒0.2回転，0.5〔m/s〕の一定速度で動作しているとする。このとき，かごに乗っている人が感じる慣性力を求めよ。

解答 人間に加速度を感じさせるこのような機構は，宇宙飛行士の訓練装置や遊園地の乗り物などで用いられる。

$\ddot{r} = 0$〔m/s²〕，$\ddot{\theta} = 0$〔rad/s²〕であるから，図3.3に示した4種類の加速度のうち発生するのは，図 (b) のコリオリの加速度と図 (c) の求心加速度のみである。$r = 5$〔m〕，$\dot{r} = 0.5$〔m/s〕，$\dot{\theta} = 1.257$〔rad/s〕，$\ddot{\theta} = 0$〔rad/s²〕であるから，周方向にはコリオリの加速度 2×0.5〔m/s〕$\times 1.257$〔rad/s〕$= 1.257$〔m/s²〕が，半径方向には求心加速度 5〔m〕$\times (1.257$〔rad/s〕$)^2 = 7.90$〔m/s²〕が発生する。

したがって，かごに乗った人は，周方向には後ろ向きに $600/9.8$〔kg〕$\times 1.257$〔m/s²〕$= 77$〔N〕，半径方向には外向きに $600/9.8$〔kg〕$\times 7.9$〔m/s²〕$= 484$〔N〕の慣性力を感じる（加速度の向きと慣性力の向きは逆であることに注意のこと）。

◇

3.1.3　2自由度閉ループ機構の運動解析

2自由度閉ループ機構の運動解析の例として，図2.14のロボットの変位解析を行ってみよう。このように閉ループを構成した機構に複数のアクチュエータを組み込んで並列駆動するロボットは**パラレルロボット**と呼ばれる。スケルトン表示を**図3.4**に示す。

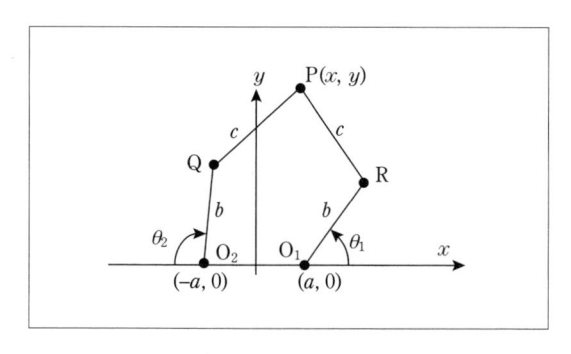

図3.4　パラレルロボットの運動解析の例

各リンクの長さを図に示すように$2a$，b，cとし，二つの回転関節の角度をθ_1，θ_2，アーム先端の座標をx，yとする。点R，Qの位置がそれぞれ$(a + b\cos\theta_1,\ b\sin\theta_1)$，$(-a - b\cos\theta_2,\ b\sin\theta_2)$となるから，幾何学的条件より次式を得る。

$$\left.\begin{array}{l}(x - a - b\cos\theta_1)^2 + (y - b\sin\theta_1)^2 = c^2 \\ (x + a + b\cos\theta_2)^2 + (y - b\sin\theta_2)^2 = c^2\end{array}\right\} \quad (3.8)$$

式（3.8）を時間で微分することにより，速度や加速度の解析が行える。これについては本章の演習問題で扱う。

ここでは逆運動学の解析解を求めてみよう。この場合はθ_1，θ_2が未知数となるので，式（3.8）に示す二つの式はそれぞれ独立した1元方程式として解くことができる。

式（3.8）から

$$\left.\begin{array}{l}A_1\cos\theta_1 + B_1\sin\theta_1 = C_1 \\ A_2\cos\theta_2 + B_2\sin\theta_2 = C_2\end{array}\right\} \tag{3.9}$$

ただし

$$A_1 = x - a, \qquad B_1 = y, \quad C_1 = \frac{(x-a)^2 + y^2 + b^2 - c^2}{2b}$$

$$A_2 = -(x+a), \quad B_2 = y, \quad C_2 = \frac{(x+a)^2 + y^2 + b^2 - c^2}{2b}$$

ゆえにつぎの解析解を得る（解の求め方については，章末の補足3.2を参照のこと）。

$$\left.\begin{array}{l}\theta_1 = \mathrm{atan}\,2(B_1, A_1) \pm \mathrm{atan}\,2\left(\sqrt{A_1^2 + B_1^2 - C_1^2}, C_1\right) \\ \theta_2 = \mathrm{atan}\,2(B_2, A_2) \pm \mathrm{atan}\,2\left(\sqrt{A_2^2 + B_2^2 - C_2^2}, C_2\right)\end{array}\right\} \tag{3.10}$$

|例題| **3.3　閉ループロボットアームの関節角の算出**

図3.4のロボットアームにおいて，$2a = b = c = 1$〔m〕とする。アーム先端 P を $x = 0.5$〔m〕，$y = 1.5$〔m〕に位置決めするには，各関節 θ_1，θ_2 をどのような値にとったらよいか。

解答

$$A_1 = x - a = 0, \qquad B_1 = y = 1.5, \quad C_1 = \frac{(x-a)^2 + y^2 + b^2 - c^2}{2b} = 1.125$$

$$A_2 = -(x+a) = -1, \; B_2 = y = 1.5, \quad C_2 = \frac{(x+a)^2 + y^2 + b^2 - c^2}{2b} = 1.625$$

を式（3.10）に代入すると，次式を得る。

$$\theta_1 = 1.571 \pm 0.723$$
$$\theta_2 = 2.159 \pm 0.448$$

これから得られるつぎの四つの解は，それぞれ**図3.5**に示す姿勢に対応する。

$(\theta_1, \theta_2) = (0.848, 1.711), (0.848, 2.607), (2.294, 1.711), (2.294, 2.607)$

いずれも単位は〔rad〕である。　　　　　　　　　　　　　　　　　　　◇

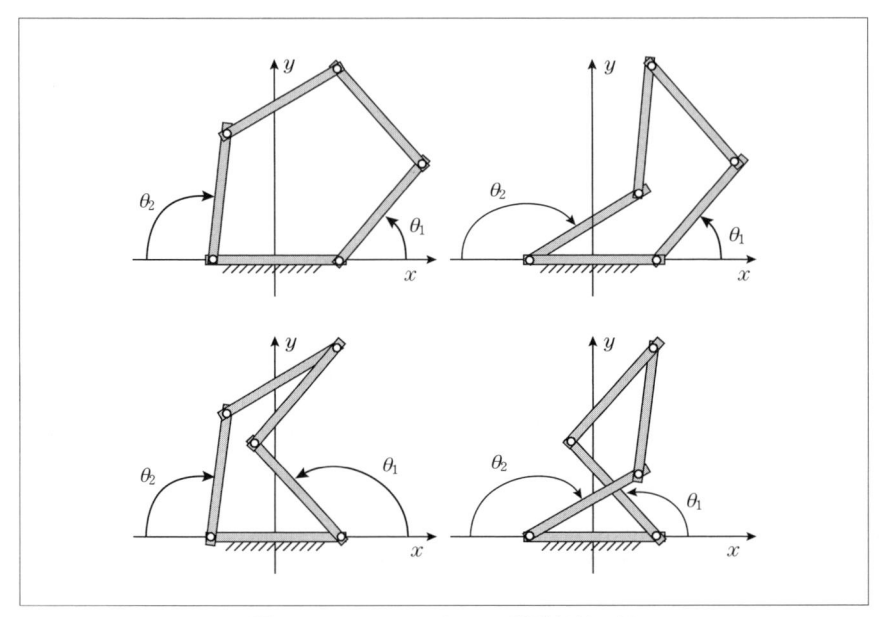

図3.5 パラレルロボットの運動解析の解

3.2　数値解法による運動解析

　いままでみてきたように，多くの機構の運動は非線形の連立方程式で記述される。しかし，式を立てることはできても，解析解は容易には得られない場合も多い。このような場合，コンピュータを用いた数値解析が行われる。

　非線形の連立方程式の解析は，一般には数値解析の中でも難しい問題とされ，いろいろな解析アルゴリズムが研究開発されている。しかし一方で，近年は各種の数値解析ソフトウェアが手軽に利用できるようになり，数値解析について知識が乏しくとも解を得ることができる環境にもなりつつある。

　このような状況を踏まえ，ここでは最も簡単なアルゴリズムの一つである**逐次代入法**を適用して4節回転リンク機構の数値解析を行ってみよう。機構の数値解析についての概要を理解していただきたい。その後本格的に機構の数値解析を進めるには，数値解析の専門書や，各解析ソフトウェアの使い方を勉強し

3.2.1 逐次代入法による数値解析

非線形の連立方程式を解くには,その規模(未知変数の数)や非線形性の強さに応じてそれぞれに適した手法が開発されているが,ここでは逐次代入法と呼ばれる簡単な手法を用いる。この手法は,非線形性が強い問題ではうまく解が得られない場合もあるが,計算アルゴリズムが簡単で手軽にプログラミングが行える。

いま,未知数の数を n とし,それぞれ,x_1, x_2, $\cdots$, x_n とする。この問題を解くには独立した n 個の方程式が必要で,一般につぎのように表される。

$$\left.\begin{array}{c} f_1(x_1,\ x_2,\ \cdots,\ x_n) = 0 \\ f_2(x_1,\ x_2,\ \cdots,\ x_n) = 0 \\ \vdots \\ f_n(x_1,\ x_2,\ \cdots,\ x_n) = 0 \end{array}\right\} \tag{3.11}$$

これをつぎのような形に変形する。

$$\left.\begin{array}{c} x_1 = \psi_1(x_1,\ x_2,\ \cdots,\ x_n) \\ x_2 = \psi_2(x_1,\ x_2,\ \cdots,\ x_n) \\ \vdots \\ x_n = \psi_n(x_1,\ x_2,\ \cdots,\ x_n) \end{array}\right\} \tag{3.12}$$

この際,ψ_i は x_i の関数とならない形で変形することが望ましい。

逐次代入法にもいくつかのアルゴリズムがあるが,まず,基本的な逐次代入法を説明する。

〈逐次代入法Ⅰ〉

つぎの繰り返し計算を行う。

$$\left.\begin{array}{c} x_1^{k+1} = \psi_1(x_1^k,\ x_2^k,\ \cdots,\ x_{n-1}^k,\ x_n^k) \\ x_2^{k+1} = \psi_2(x_1^{k+1},\ x_2^k,\ \cdots,\ x_{n-1}^k,\ x_n^k) \\ \vdots \\ x_n^{k+1} = \psi_n(x_1^{k+1},\ x_2^{k+1},\ \cdots,\ x_{n-1}^{k+1},\ x_n^k) \end{array}\right\} \tag{3.13}$$

ただし，右肩のkはk番目の繰り返し計算で求められた解であることを表す。繰り返し計算の初期値x_i^0は適当な近似値からスタートするが，その値の選び方によって，複数の解がある問題では異なる解が得られたり，収束の状況が異なってくる。

上記の方法では解が収束しない場合，つぎの逐次代入法が有効な場合も多い。

⟨逐次代入法II⟩

つぎの繰り返し計算を行う。

$$\left.\begin{aligned}
x_1^{k+1} &= w\{\psi_1(x_1^k,\ x_2^k,\ \cdots,\ x_{n-1}^k,\ x_n^k) - x_1^k\} + x_1^k \\
x_2^{k+1} &= w\{\psi_2(x_1^{k+1},\ x_2^k,\ \cdots,\ x_{n-1}^k,\ x_n^k) - x_2^k\} + x_2^k \\
&\vdots \\
x_n^{k+1} &= w\{\psi_n(x_1^{k+1},\ x_2^{k+1},\ \cdots,\ x_{n-1}^{k+1},\ x_n^k) - x_n^k\} + x_n^k
\end{aligned}\right\} \quad (3.14)$$

wは繰り返し計算の発散を抑えるために導入したパラメータで，$0 < w < 1$

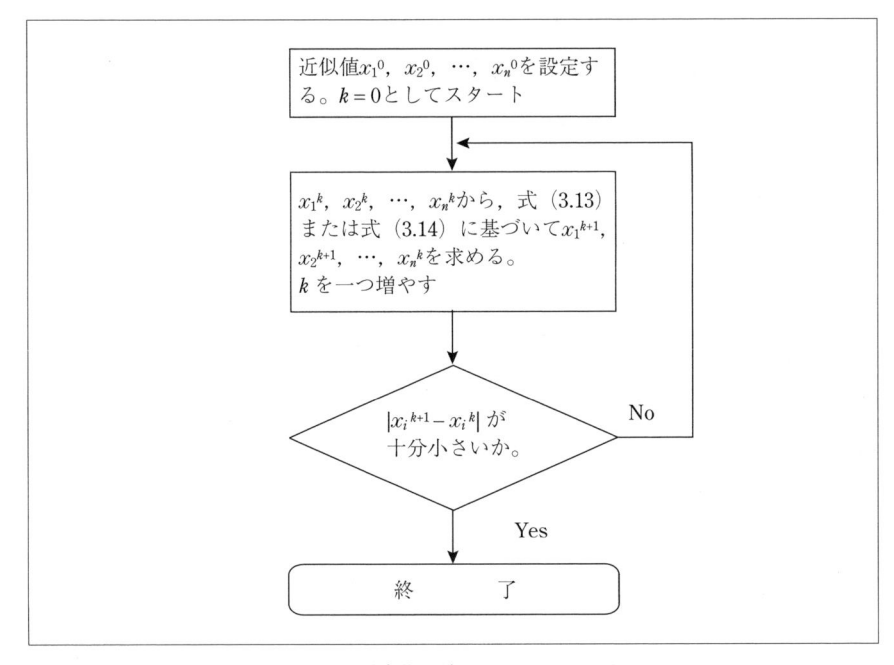

図3.6 逐次代入法のフローチャート

の範囲の適当な値を用いる。$w = 1$の場合が，前述の逐次代入法Iにあたる。計算アルゴリズムのフローチャートを図**3.6**に示す。

例題 **3.4　逐次代入法による計算例**

逐次代入法Iを用いてつぎの連立方程式を解け。

$$\left. \begin{array}{l} x + 3y = 4 \\ x\,y = 1 \end{array} \right\} \tag{a}$$

解答　式(a)から下記の繰り返し計算を導く。

$$x^{k+1} = 4 - 3y^k$$

$$y^{k+1} = \frac{1}{x^{k+1}}$$

初期値として，$x^0 = y^0 = 0$として順に計算を行うと以下のように，正解の一つ$x = 3$, $y = 1/3$に収束していく。

$$x^1 = 4 - 3y^0 = 4, \qquad y^1 = \frac{1}{x^1} = 0.25$$

$$x^2 = 4 - 3y^1 = 3.25, \qquad y^2 = \frac{1}{x^2} = 0.308$$

$$x^3 = 4 - 3y^2 = 3.007, \qquad y^3 = \frac{1}{x^3} = 0.325$$

$$x^4 = 4 - 3y^3 = 3.025, \qquad y^4 = \frac{1}{x^4} = 0.331$$

$$x^5 = 4 - 3y^4 = 3.008, \qquad y^5 = \frac{1}{x^5} = 0.332$$

$$\vdots \qquad\qquad\qquad \vdots$$

◇

繰り返し計算式は一意に定まる訳ではなく，いろいろなアルゴリズムを導くことができる。繰り返し計算および初期値によって，解の収束の仕方が異なってくる。各自，実際に電卓やパソコンで計算して確認のこと。

3.2.2 4節回転リンク機構の数値解析

図3.7に示す4節回転リンク機構を例にとって，逐次代入法を適用しよう。四つのリンクをA，B，C，Dと名づけ，それぞれがなす回転対偶をO，P，Q，Rとする。

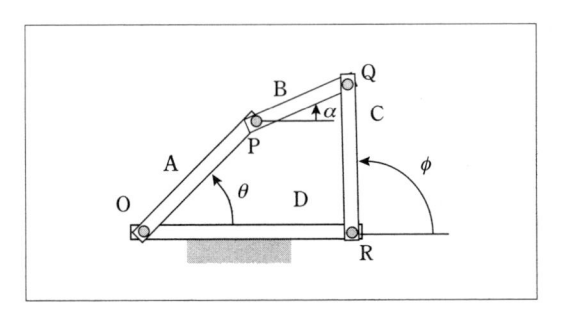

図3.7 4節リンク機構の定式化

リンクAの角度θから，リンクCの角度ϕを求める問題を考えることにする。幾何学的考察から次式を得る。

$$\left.\begin{array}{l} a\cos\theta + b\cos\alpha = d + c\cos\phi \\ a\sin\theta + b\sin\alpha = c\sin\phi \end{array}\right\} \quad (3.15)$$

ただし，リンクBのx軸に対する傾きをα，リンクA，B，C，Dの長さをそれぞれ，a，b，c，dとする。

ここでは，$a=8$，$b=30$，$c=30$，$d=40$として，逐次代入法を利用した位置解析を行ってみよう。この数値は，図2.4（a）に示したてこクランク機構のものである。図3.8は任意のθをキーボードから入力してαとϕを求めるプログラムの例である。ここでは標準的なC言語を用いている。計算結果は，ディスプレイに表示するとともに**データファイル**（results.dat）に出力する。プログラムの概要を簡単に説明しよう。

A部は変数の宣言である。theta, alpha, fai, newalpha, newfaiはそれぞれ，θ^k，α^k，ϕ^k，α^{k+1}，ϕ^{k+1}を表す。右肩のk，$k+1$はそれぞれ，k番目，$k+1$番目の繰り返し計算の値であることを示す。deltaalpha, deltafaiは，各繰り返し計算

```
#include <stdio.h>
#include <math.h>
#include <stdlib.h>

int main(void)
{
        FILE *fp;
        double theta, alpha, fai, newalpha, newfai, deltaalpha, deltafai;
        double a=8.0, b=30.0, c=30.0, d=40.0;
        double pai=3.141592, e=0.0001*3.14/180.0, w=0.5;
        short k;

        fp=fopen("results.dat","a");
        printf("theta (deg) ? ");
        scanf("%lf",&theta);
        printf("alpha (deg) ? ");
        scanf("%lf",&alpha);
        printf("fai (deg) ? ");
        scanf("%lf",&fai);

        theta=theta*pai/180.0;
        alpha=alpha*pai/180.0;
        fai=fai*pai/180.0;

        for(k=1; k<200; k++)
        {
        newalpha= acos( (-a*cos(theta)+c*cos(fai)+d)/b );
        deltaalpha=newalpha-alpha;
        alpha=alpha+w*deltaalpha;
        newfai = pai-asin( (a*sin(theta)+b*sin(alpha))/c );
        deltafai=newfai-fai;
        fai=fai+w*deltafai;
        printf("k= %5d    alpha=    %10.5f  fai=    %10.5f ¥n", k, alpha*180.0/pai, fai*180.0/pai);
        fprintf(fp, "k= %5d    alpha=    %10.5f  fai=    %10.5f ¥n", k, alpha*180.0/pai, fai*180.0/pai);

        if ( (fabs(deltaalpha)<e) && (fabs(deltafai)<e)) break;
        }
        fclose(fp);
}
```

(A: 変数宣言部、B: 入力部、C: ラジアン変換部、D: 反復計算部、E: 更新計算部)

図3.8 逐次代入法による解析プログラムの例

時による更新量で，$\alpha^{k+1} - \alpha^k$，$\phi^{k+1} - \phi^k$を表す．eは収束判定に用いる値である．wは式（3.14）におけるw値である．

B部では，キーボードからθの値，およびαとϕの近似値を入力する．ここ

で入力する α と ϕ は繰り返し計算の初期値として用いられるもので，あまり解と大きく異なる値を入力すると収束しなくなる．直感的にわかりやすいように，データの入出力では角度の単位は degree を用いるが，内部では radian で統一して計算を進めているので，プログラムリスト C 部で degree から radian への単位変換を行っている．D 部は本プログラムの主要部で式（3.14）に相当する

```
theta (deg) ? 0
alpha (deg) ? 50
fai (deg) ? 100
k=  1   alpha=  38.37246   fai= 120.81377
k=  2   alpha=  47.35093   fai= 126.73142
k=  3   alpha=  54.70367   fai= 126.01388
k=  4   alpha=  58.05204   fai= 123.98092
k=  5   alpha=  58.76898   fai= 122.60597
k=  6   alpha=  58.45575   fai= 122.07511
k=  7   alpha=  58.03434   fai= 122.02039
            （途中省略）
k= 19   alpha=  57.76896   fai= 122.23098
k= 20   alpha=  57.76901   fai= 122.23098
k= 21   alpha=  57.76904   fai= 122.23097


theta (deg) ? 20
alpha (deg) ? 58
fai (deg) ? 122
k=  1   alpha=  57.21932   fai= 116.62921
k=  2   alpha=  53.91695   fai= 116.27695
k=  3   alpha=  52.06113   fai= 117.32498
            （途中省略）
k= 16   alpha=  52.27718   fai= 118.09296
k= 17   alpha=  52.27706   fai= 118.09300
k= 18   alpha=  52.27703   fai= 118.09305


theta (deg) ? 40
alpha (deg) ? 52
fai (deg) ? 118
k=  1   alpha=  50.36594   fai= 113.84374
k=  2   alpha=  46.95639   fai= 114.69454
k=  3   alpha=  45.80884   fai= 116.00908
            （途中省略）
k= 16   alpha=  46.54759   fai= 116.18721
k= 17   alpha=  46.54768   fai= 116.18721
k= 18   alpha=  46.54773   fai= 116.18717
```

図3.9 計算結果の例

計算を行う。具体的には式（3.15）を変形して得る次式を用いている。

$$\left.\begin{array}{l} \alpha = \cos^{-1}\left(\dfrac{d + c\cos\phi - a\cos\theta}{b}\right) \\ \phi = \sin^{-1}\left(\dfrac{a\sin\theta + b\sin\alpha}{c}\right) \end{array}\right\} \quad (3.16)$$

　一般に，逆三角関数は二つの解を持つので，計算を行う際には解の選択には気をつけなくてはならない。ここではC言語の提供する関数asin，acosを用いているが，これらは，それぞれ−90°〜90°，0°〜180°の範囲でarcsin，arccosを返す。図2.4（a）からわかるように，ϕは90〔deg〕以上の解をとる必要があるので，E部で計算を行っている（ここでは馴染みの深いasin，acosを用いたが，前述のatan2を用いればこのような処理は不要になる）。E部では，収束の状況をみるために，α，θの値を更新ごとに出力する。F部では収束判定を行う。

　計算結果の例を**図3.9**に示す。まず，$\theta = 0$〔deg〕に対するαとϕを求める。初期値として，$\alpha = 50$〔deg〕，$\phi = 100$〔deg〕を用いると，17回の繰り返し後，小数点以下3位の精度で計算が収束している。

　図では，さらに$\theta = 20$，40，60〔deg〕に対して計算を行っているが，この際，α，ϕの初期値は，$\theta = 0$，20，40〔deg〕の結果を順に利用することができる。

3.3　瞬間中心と図式解法

　古くから機構の各部の位置ベクトル，速度ベクトル，加速度ベクトルを図面に描いて作図で解析を行う方法が知られている。コンピュータが手軽に使えるようになった現代では，図式解法を行うことはまれである。しかし，新しい機構の概念設計段階では図式解法により効率的に検討できる場合も多いし，また，機構の運動を理解する一つの視点としてこれを学ぶことは重要である。図式解法にもいくつかの方法があるが，ここでは瞬間中心を用いた変位解析と速度解析の例を示す。

3.3.1 瞬 間 中 心

まず，**瞬間中心**（instantaneous center）の概念を説明する。ある機素の運動は，各瞬間において，ある点を中心とした回転運動としてとらえることができる。この点を瞬間中心と呼ぶ。

図 **3.10** において，ある機素Aが平面上を$A_1 \to A_2 \to \cdots \to A_7$と運動したとする。$A_1 \to A_2$が微小時間とすると，このとき，機素Aは$O_1$を中心に回転運動しているとみなすことができる。この点Oが瞬間中心である。同様に，O_4，O_6も各時点における瞬間中心である。瞬間中心の位置は連続的に変わっていく。

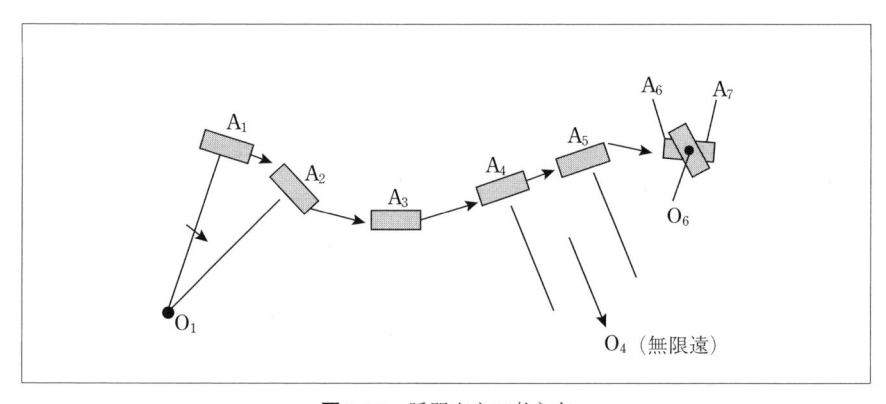

図3.10 瞬間中心の考え方

この説明において，O_1，O_4，O_6は，機素Aの紙面に対する瞬間中心である。観測基準が異なれば（例えば紙面に対して運動している別の機素Bから機素Aの運動を観察すると）瞬間中心は別の位置になる。

直感的な視点から，瞬間中心を説明してみよう。2枚の透明のシートにそれぞれ，機素Aと機素Bをペンで書いてみる。2枚の透明シートを重ねた状態で滑らして動かすと，機素Aと機素Bが相対運動を行う様子が観察できる。このとき，2枚のシートのどこかで相対速度が0となる点，すなわち2枚のシートを画鋲でとめた点が存在する（もちろんこの位置は刻々と変わる）。この点が機素Aと機素Bの瞬間中心である。瞬間中心とは二つの機素の相対速度が0となる点である。

二つの機素A, Bにおいて，機素Aに対する機素Bの瞬間中心をO_{ab}とする。O_{ab}とO_{ba}は等しい。すなわち，二つの機素間には一つの瞬間中心が存在する。したがってn個の機素からなる機構の瞬間中心の数は，次式となる。

$$_nC_2 = \frac{n(n-1)}{2}$$

図3.11に示すように，瞬間中心の位置は，一つの機素上の2点から，それらの運動方向に垂直にひいた線の交点である。

いま，三つの機素A, B, Cについて考える。この三つの機素間には，O_{ab}, O_{bc}, O_{ac}の三つの瞬間中心が存在する。このとき，三つの瞬間中心は一直線上にある。これは**3瞬間中心の定理**として知られている。これは，つぎのように考えれば容易に理解できる。

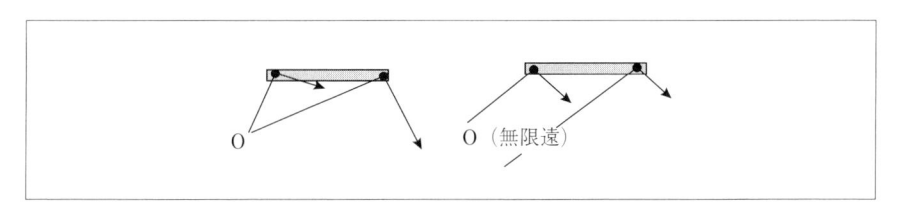

図3.11 瞬間中心の求め方

図3.12に示す三つの機素，すなわち，機素Aと機素B，それに紙面を一つの機素Cと考える。ある瞬間において，機素Aと機素Bは紙面Cに対してそれぞれ瞬間中心O_{ac}とO_{bc}回りに回転するものとする。いま，機素Aと機素B間の瞬間中心O_{ab}について考える。点O_{ab}は機素A上の点であるから，紙面Cか

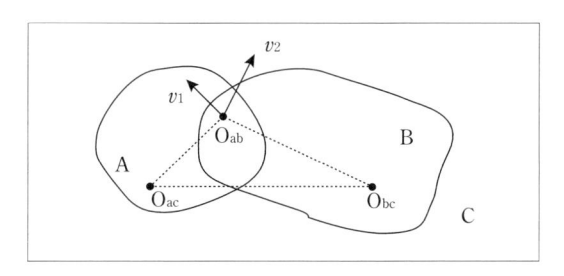

図3.12 3瞬間中心の定理

らみて点O_{ab}は直線$O_{ac}O_{ab}$と直角方向，すなわち，v_1方向に運動しなければならない。一方，点O_{ab}は機素B上の点でもあるから，紙面Cからみて点O_{ab}は直線$O_{bc}O_{ab}$と直角方向，すなわちv_2方向に運動しなければならない。v_1とv_2が一致するには，三つの瞬間中心O_{ac}，O_{bc}，O_{ab}は一直線上になくてはならない。

例題 3.5 スライダクランク機構における3瞬間中心の定理

図3.13（a）に示すスライダクランク機構における瞬間中心をすべて求め，3瞬間中心の定理が成立していることを確認せよ。

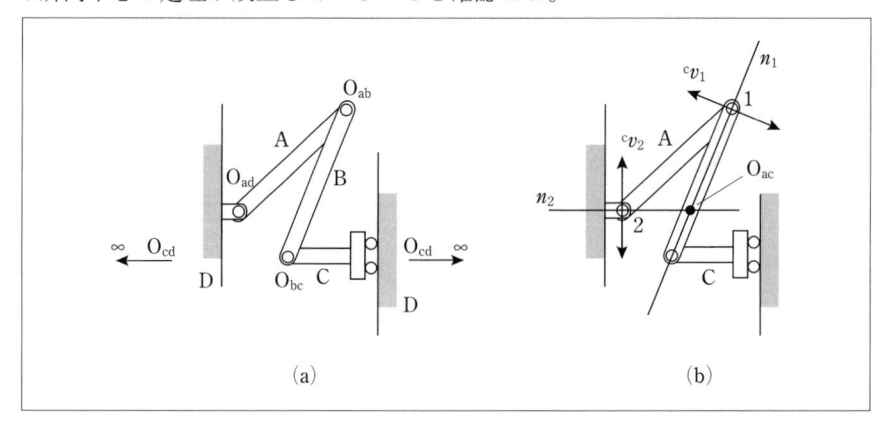

図3.13 3瞬間中心の定理の確認

解答 四つの機素A，B，C，Dから構成される機構なので，O_{ab}，O_{ac}，O_{ad}，O_{bc}，O_{bd}，O_{cd}の六つの瞬間中心が存在する。このうち，O_{ab}，O_{ad}，O_{bc}，O_{cd}の位置は図3.13（a）に示すように容易にわかるので，O_{ac}の求め方を図3.13（b）を用いて説明する。

機素A上の2点，1と2を機素Cから見ると，それぞれ$^cv_1$，$^cv_2$方向に動くので，機素Cから見ると機素Aの瞬間中心は，$^cv_1$，$^cv_2$の垂線n_1，n_2の交点に位置することがわかる。瞬間中心O_{bd}も同様の考え方で求めることができる。

つぎに，3瞬間中心の定理が成立していることを確認しよう。四つの機素のうち三つの機素を選ぶ。例えば，機素A，B，Cが作る三つの瞬間中心O_{ab}，O_{ac}，O_{bc}は一直線状に並ぶことが図から確認できる。逆に，3瞬間中心の定理を利用して瞬間中心の位置を求めることもできる。 ◇

3.3.2 瞬間中心を利用した速度解析

瞬間中心を用いた速度の図式解法を取り上げる。**図3.14**に示す4節回転リンク機構において，$a = 30$〔mm〕，$b = 20$〔mm〕，$c = 30$〔mm〕，$d = 40$〔mm〕とする。ただし，a, b, c, dはそれぞれリンクA，B，C，Dの長さとする。いま，$\theta = 45°$の位置で，点Pが速度$v_P = 10$〔mm/s〕で図示のように動くとき，点Qの速度v_Qを求めてみよう。

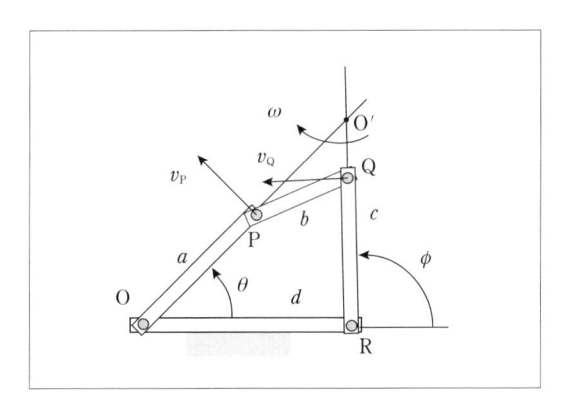

図3.14 瞬間中心を用いた図式速度解析

実際に，コンパスと分度器を用いて作図をする。機素Bと機素D（観測座標系）の瞬間中心は，O′である。機素Bは機素Dに対して，O′点回りを回転しているわけだから，その回転角速度をωとすると，点P，Qの速度v_P，v_Qはそれぞれ，式（3.17）となる。

$$\left. \begin{array}{l} v_P = \omega \cdot \overline{O'P} \\ v_Q = \omega \cdot \overline{O'Q} \end{array} \right\} \tag{3.17}$$

ただし，$\overline{O'P}$，$\overline{O'Q}$はそれぞれ，点O′P間，および点O′Q間の距離を表す。したがって

$$v_Q = \left(\frac{\overline{O'Q}}{\overline{O'P}} \right) \cdot v_P \tag{3.18}$$

実際に作図を行って，図面上で実測すると，$\overline{O'P} = 26.4$〔mm〕，$\overline{O'Q} = 10$〔mm〕となるので，式（3.18）に代入して，$v_Q = 3.8$〔mm/s〕を得る。

図式解法は，比較的簡単に直感的に解が得られる反面，精度は作図精度に依存する。

3.4　機構の力学解析

機構の運動解析結果を利用して，**仮想仕事の原理**（principle of virtual work）により力学解析を行う方法を学ぼう。

機構を構成するある機素に外力f_Aが加わり，力の方向にδx_A微小変位したと仮想的に考える。このとき，外力が機構にした仮想仕事は$f_A \delta x_A$と考えることができる。これに伴いこの機構を構成する別の機素が外部に力f_Bでδx_B微小変位を与えたと考えれば，エネルギ保存の法則から，$f_A \delta x_A = f_B \delta x_B$なる関係式が得られる。機構の運動解析から$\delta x_A$と$\delta x_B$の関係がわかるので，これを用いれば$f_A$と$f_B$の関係が導ける。理解を助けるために，最も単純な例をつぎに示す。

|例題| **3.6　てこの力解析の例**

図**3.15**に示すてこにおいて，力f_Aとf_Bの関係を仮想仕事の原理を適用して

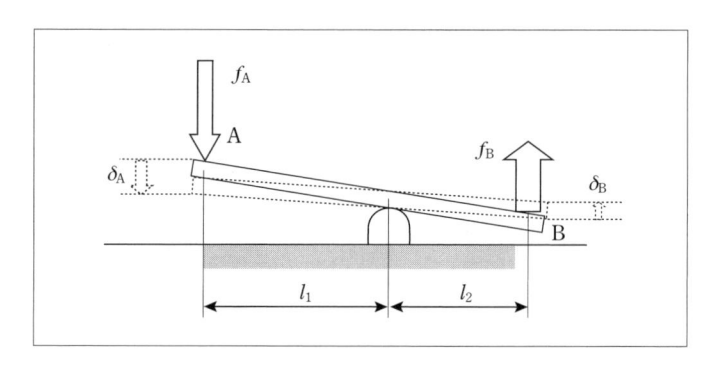

図**3.15**　仮想仕事の原理の考え方

求めよ。

解答 力f_Aによって，点A，Bがそれぞれ微小量δ_A, δ_Bだけ動いたと考える。幾何学的条件からδ_Aとδ_Bの間にはつぎの関係がある。

$$\delta_A \, l_2 = \delta_B \, l_1 \tag{3.19}$$

一方，エネルギー保存の法則から

$$f_A \, \delta_A = f_B \, \delta_B \tag{3.20}$$

式 (3.19) と式 (3.20) から，力f_Aとf_Bの関係がつぎのように求められる。

$$f_A \, l_1 = f_B \, l_2 \tag{3.21}$$

上の議論は$\delta_A \to 0$の極限を考えても成立するので，てこが実際には動かない場合も式 (3.21) が成立する。これが仮想仕事の原理の考え方である。 ◇

上記では，簡単のために，力f，微小変位δxとして説明したが，これはそれぞれトルクと微小回転に置き換えて考えてもよい。また，機構に働く力とこれに伴う微小変位は複数でもよい。この場合は，f, δxをベクトルとして扱う。

仮想仕事の原理により，複雑な機構や自由度の大きい問題で効率よく力学解析を行える。特に，機構解析の場合，運動学解析結果が得られている場合にはこれを利用することができるので有用な手法の一つとなっている。

具体的な例をいくつかみてみよう。

3.4.1　1自由度機構の力解析

図3.16に示す両スライダクランク機構において，リンクAに図のようにF_yの力が加わるとき，リンクCに伝わる力F_xを求めてみよう。

まず力学解析に先立って，運動学解析を行う。図から次式が得られる。

$$x^2 + y^2 = b^2 \tag{3.22}$$

時間tで微分して

$$x\dot{x} + y\dot{y} = 0 \tag{3.23}$$

したがって，リンクAの仮想変位量δyとリンクCの仮想変位量δxの間には次式が成り立つ。

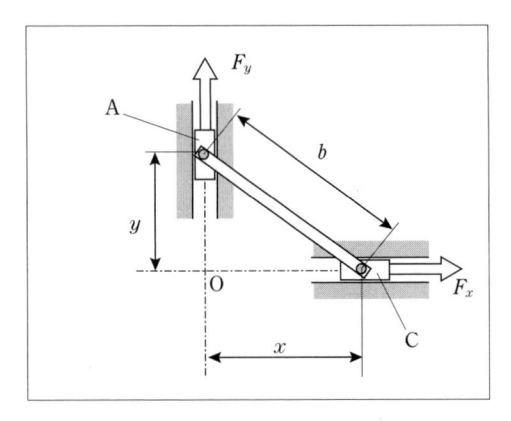

図3.16 両スライダてこ機構

$$x\delta x + y\delta y = 0 \tag{3.24}$$

一方,仮想仕事の原理から

$$F_x \delta x = F_y \delta y \tag{3.25}$$

式(3.24)と式(3.25)を連立させることによってつぎのようにF_xが求められる。

$$F_x = -F_y \frac{x}{y} \tag{3.26}$$

3.4.2 多自由度機構の力解析

図3.17に示すスカラアームの先端に外力Fがかかるとき,関節1,2に発生するトルクT_1, T_2を求めてみよう。ここで,外力Fのx, y成分をF_x, F_y, アーム先端のx, y方向の仮想変位をそれぞれδx, δy, 各関節の仮想回転量をそれぞれ,$\delta\theta_1$, $\delta\theta_2$とする。

(a) 変位解析

幾何学的関係より

$$\left.\begin{array}{l} x = a\cos\theta_1 + b\cos(\theta_1 + \theta_2) \\ y = a\sin\theta_1 + b\sin(\theta_1 + \theta_2) \end{array}\right\} \tag{3.27}$$

これから,微小変位量δx, δy, $\delta\theta_1$, $\delta\theta_2$に関して次式を得る。

3.4 機構の力学解析

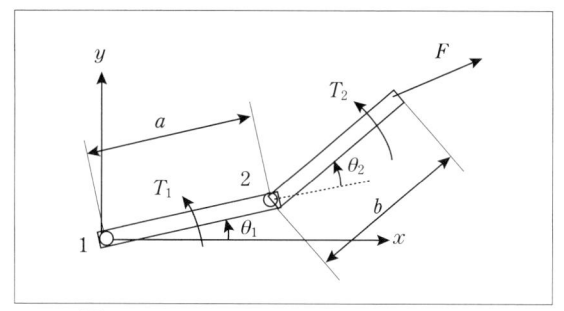

図3.17 スカラロボットアームの力学解析

$$\left.\begin{array}{l}\delta x = \{-a\sin\theta_1 - b\sin(\theta_1+\theta_2)\}\delta\theta_1 - b\sin(\theta_1+\theta_2)\delta\theta_2 \\ \delta y = \{a\cos\theta_1 + b\cos(\theta_1+\theta_2)\}\delta\theta_1 + b\cos(\theta_1+\theta_2)\delta\theta_2\end{array}\right\} \quad (3.28)$$

行列とベクトルを用いて書き直すと

$$\begin{bmatrix}\delta x \\ \delta y\end{bmatrix} = \boldsymbol{J}\begin{bmatrix}\delta\theta_1 \\ \delta\theta_2\end{bmatrix} \tag{3.29}$$

ただし

$$\boldsymbol{J} = \begin{bmatrix}-a\sin\theta_1 - b\sin(\theta_1+\theta_2) & -b\sin(\theta_1+\theta_2) \\ a\cos\theta_1 + b\cos(\theta_1+\theta_2) & b\cos(\theta_1+\theta_2)\end{bmatrix}$$

ベクトルと行列を用いて表現すると，一般に，自由度が大きい対象に対しても式の変形が容易に進められる。また，$\boldsymbol{J}$は**ヤコビ行列**と呼ばれる。これについては6.3節で詳しく述べる。

式（3.29）の両辺の転置をとると次式を得る。

$$\begin{aligned}(\delta x \quad \delta y) &= \left\{\boldsymbol{J}\begin{bmatrix}\delta\theta_1 \\ \delta\theta_2\end{bmatrix}\right\}^t \\ &= \begin{bmatrix}\delta\theta_1 \\ \delta\theta_2\end{bmatrix}^t \boldsymbol{J}^t \\ &= (\delta\theta_1 \quad \delta\theta_2)\boldsymbol{J}^t\end{aligned} \tag{3.30}$$

右肩のtは転置を意味する。

(b) 仮想仕事の原理

一方，仮想仕事の原理は次式で表される。

$$\delta\theta_1\ T_1 + \delta\theta_2\ T_2 = \delta x\ F_x + \delta y\ F_y \tag{3.31}$$

これはつぎのようにベクトルを用いて表現できる.

$$(\delta\theta_1 \quad \delta\theta_2)\begin{bmatrix} T_1 \\ T_2 \end{bmatrix} = (\delta x \quad \delta y)\begin{bmatrix} F_x \\ F_y \end{bmatrix} \tag{3.32}$$

(c) 力学関係

式 (3.32) に式 (3.30) を代入すると,

$$(\delta\theta_1 \quad \delta\theta_2)\begin{bmatrix} T_1 \\ T_2 \end{bmatrix} = (\delta\theta_1 \quad \delta\theta_2)\ \boldsymbol{J}^t \begin{bmatrix} F_x \\ F_y \end{bmatrix} \tag{3.33}$$

したがって,力学関係は次式のように得られる.

$$\begin{aligned}
\begin{bmatrix} T_1 \\ T_2 \end{bmatrix} &= \boldsymbol{J}^t \begin{bmatrix} F_x \\ F_y \end{bmatrix} \\
&= \begin{bmatrix} -a\sin\theta_1 - b\sin(\theta_1+\theta_2) & a\cos\theta_1 + b\cos(\theta_1+\theta_2) \\ -b\sin(\theta_1+\theta_2) & b\cos(\theta_1+\theta_2) \end{bmatrix} \begin{bmatrix} F_x \\ F_y \end{bmatrix}
\end{aligned} \tag{3.34}$$

あるいは

$$\begin{bmatrix} F_x \\ F_y \end{bmatrix} = \boldsymbol{J}^{-t} \begin{bmatrix} T_1 \\ T_2 \end{bmatrix} \tag{3.35}$$

ただし,一般に $(\boldsymbol{J}^{-1})^t = (\boldsymbol{J}^t)^{-1}$ なので,これを $\boldsymbol{J}^{-t}$ と書く.

このように,機構の微小変位に関する関係式から,力学的な関係式を導くことができる.

3.5 機構解析ソフトウェアを用いた解析

機構解析や力学モデルの解析ソフトウェアが多く開発されている.ここでは,Working Model という機構解析用の商用ソフトウェアを例にして,その解析手順の概要を紹介する.

Working Model はグラフィカルなユーザインタフェースを持ち,気軽に機構解析が行える.ここでは,早戻り機構と呼ばれるリンク機構の解析を例にその手順の概略を示す.

3.5 機構解析ソフトウェアを用いた解析　　57

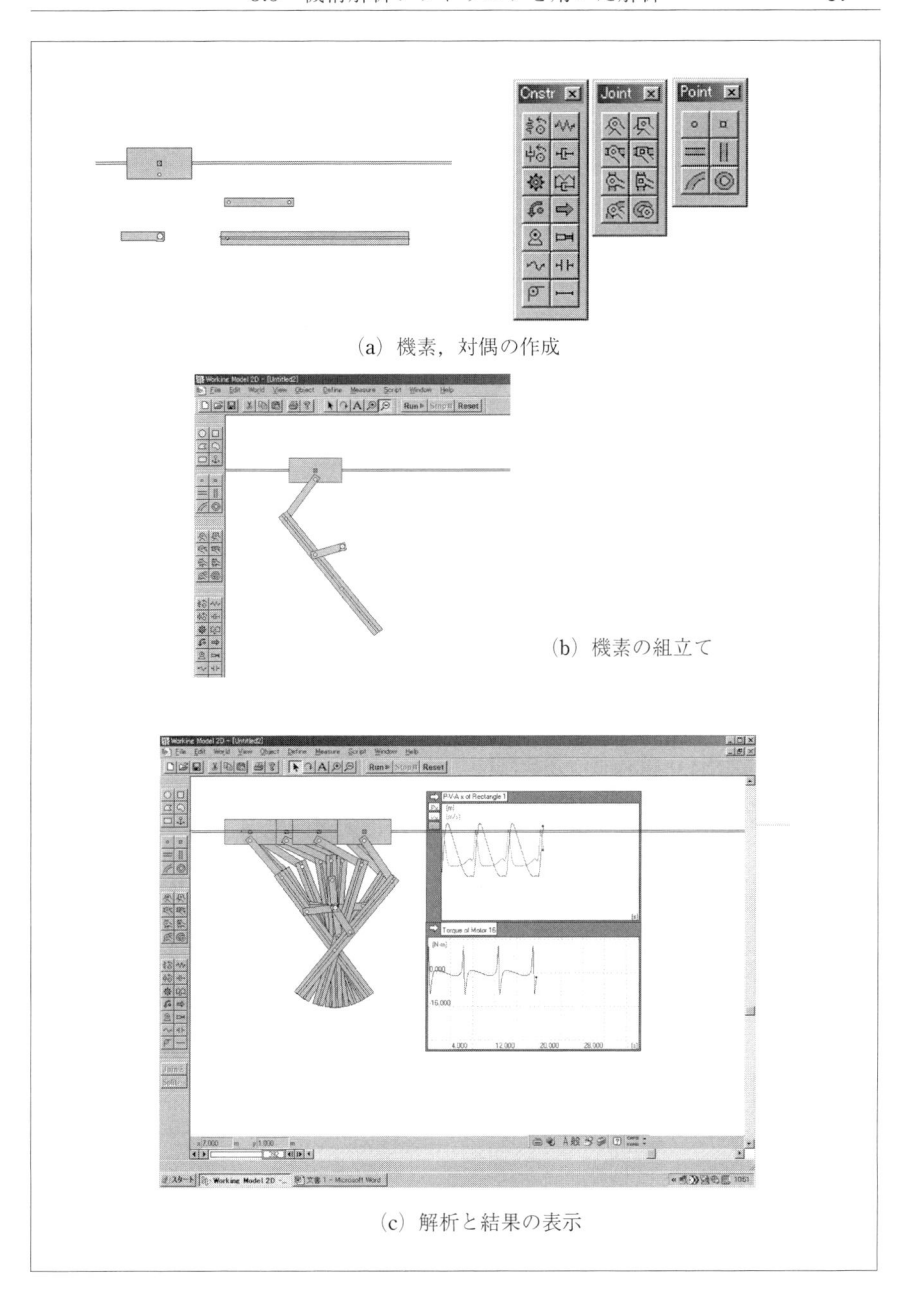

(a) 機素，対偶の作成

(b) 機素の組立て

(c) 解析と結果の表示

図3.18 汎用ソフトウェアによる機構解析例

ここで示す早戻り機構は形削り盤のテーブル送りに用いられている機構で，図2.10（c）で示した揺動スライダクランク機構を応用したものである．形削り盤は，切削バイトを往復直線運動させて切削を行うが，切削するのは一方向で，戻り工程では切削を行わない．したがって，切削方向は一定速度で動かし，戻り方向はできるだけ早くバイトを動かす必要がある．早戻り機構は，一定速度の回転運動から，このような動作方向で速度の異なる直線運動を実現する機構である．

図3.18に解析手順の概要を示す．まず，図（a）のように，四つのリンクと対偶素を作成する．回り対偶やすべり対偶，回りすべり対偶など多くの対偶や対偶素が用意されており（図（a）），これらの中から選んで，対偶素を備えた機素を作成する．また，アクチュエータやモータ，バネ，ダンパといった要素も用意されており，必要に応じて用いることができる．つぎに，これらを組み立てる（図（b））．

---------- 補 足 ----------

補足3.1　逆三角関数について

通常，数学で用いられる逆正接関数$\tan^{-1}$はつぎの問題を持っている．

1）$\pi/2$または$-\pi/2$となる値を返すことができない．

2）二つあり得る解のうち，一つしか返さない．例えば，$\tan\theta = 1$を満たすθは$\pi/4$と$-3/4\pi$の二つがあるが，そのどちらを返すべきか，指定ができない．

これに対して多くの数値データの処理ソフトウェアやプログラミング言語では，atan2 (a_1, a_2)なる関数が用意されている．これは，二つの入力変数a_1, a_2に対して，その符号を判断して，$-\pi$からπの範囲で適切な逆正接関数$\tan^{-1}(a_1/a_2)$を返す関数である．

例えば，atan2$(\sqrt{3}, 1) = \pi/3$，atan2$(-\sqrt{3}, -1) = -2\pi/3$，atan2$(1, 0) = \pi/2$，atan2$(-1, 0) = -\pi/2$である．通常の$\tan^{-1}$では後半の三つの値は得にくいことがわかるであろう．

このような理由からロボット工学では，$\tan^{-1}$の代わりにatan2を用いることが多い．また，これにあわせて，$\sin^{-1}$と$\cos^{-1}$に対しても以下のようにatan2を用いて計算する場合も多い．

$\sin\theta = a$なる関係において，　$\theta = \text{atan2}(a, \pm\sqrt{1-a^2})$

$\cos\theta = a$ なる関係において，$\theta = \pm\text{atan}2(\sqrt{1-a^2}, a)$
それぞれ，**図3.19** (a), (b) を参照のこと。

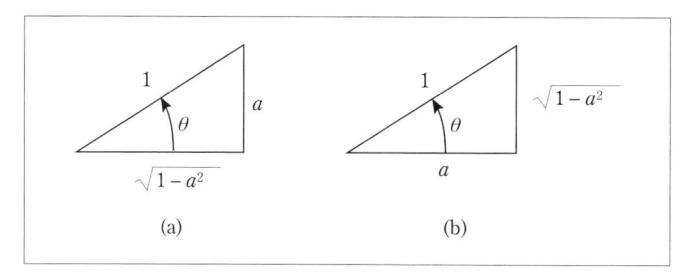

図3.19

なお，市販されているソフトウェアの中には，$\text{atan}2(a_1, a_2)$ を $\tan^{-1}(a_2/a_1)$ を返す関数として定義しているものもあるので注意が必要である（例えば，Microsoft Excel など）。

補足3.2　単振動方程式の解

機構学では，θ に関する以下の形の方程式がよく現れる。

$$a\cos\theta + b\sin\theta = c \tag{a}$$

ただし，a, b, c は実数の定数で，$a^2 + b^2 \geqq c^2$ とする。
この方程式の解は，次式で表すことができる。

$$\theta = \text{atan}2(b, a) \pm \text{atan}2(\sqrt{a^2+b^2-c^2}, c) \tag{b}$$

細かい説明はここでは省略するが，以下のように考えれば，式(b)が式(a)の解であることが容易に確認できる。

$\alpha = \text{atan}2(b, a)$
$\beta = \text{atan}2(\sqrt{a^2+b^2-c^2}, c)$

とおいて，式(a)の左辺に $\theta = \alpha \pm \beta$ を代入すると

$$a\cos(\alpha\pm\beta) + b\sin(\alpha\pm\beta)$$
$$= a(\cos\alpha\cos\beta \mp \sin\alpha\sin\beta) + b(\sin\alpha\cos\beta \pm \cos\alpha\sin\beta) \tag{c}$$

一方，**図3.20** より

$$\cos\alpha = \frac{a}{\sqrt{a^2+b^2}}, \quad \cos\beta = \frac{c}{\sqrt{a^2+b^2}}$$

$$\sin\alpha = \frac{b}{\sqrt{a^2+b^2}}, \quad \sin\beta = \frac{\sqrt{a^2+b^2-c^2}}{\sqrt{a^2+b^2}}$$

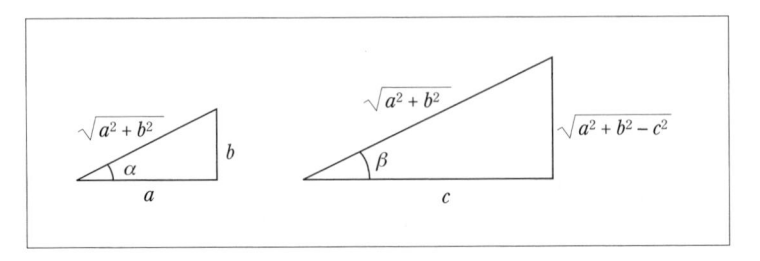

図3.20

これらを式(c)に代入して整理すると，c となる。

演習問題

[1] 図3.21の両スライダクランク機構において，x, $\dot{x}$ が与えられたとき，y, $\dot{y}$ を求めよ。

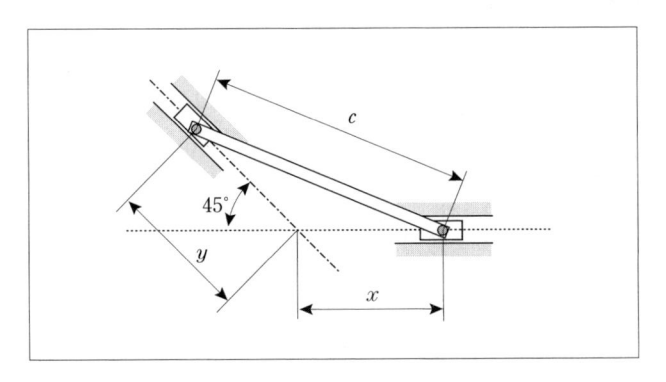

図3.21 両スライダてこ機構

[2] 式 (3.1) から式 (3.2)，(3.3) を導け。
[3] 図3.4に示した5節ロボットアームの速度解析を行え。
[4] 図3.1のスライダクランク機構において，$\theta = \pi/6$ 〔rad〕，$\dot{\theta} = \pi/6$ 〔rad/s〕のとき，リンクPQの瞬間中心の位置を求め，図式解法により x および $\dot{x}$ を求めよ。この結果を式 (3.1)，(3.2) の結果と比較して一致することを確かめよ。ただし，$r = 50$ 〔mm〕，$l = 100$ 〔mm〕とする。

演 習 問 題   61

[5] 図3.22のリンク機構において，機素a, b, c, dは，それぞれ点O, P, Q, Rにおいて回り対偶をなしている．機素a, b, cの長さはそれぞれ，60〔mm〕，100〔mm〕，80〔mm〕である．$\theta = 60°$のとき
(1) 図式解法により，ϕを求めよ．
(2) (1)で書いた作図に，機素bと機素dの間の瞬間中心の位置を図示せよ．
(3) 機素cが点Rの回りを$\omega = 0.1$〔rad/s〕の角速度で反時計方向に回転するとき，点Pの速度v_pを求めよ．

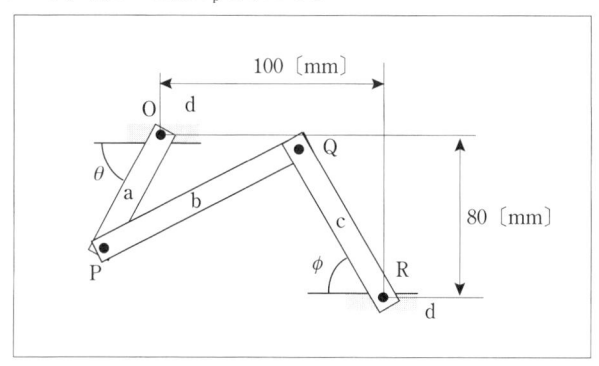

図3.22 4節回転リンク機構の一種

[6] 図3.23は空気圧シリンダによって駆動される自転車の車輪機構である．シリンダに高圧空気をバルブで切り替えながら送ることによってピストンが前後して車輪が回転する．シリンダA，ピストンB，クランクCおよび自転車フレームDの四つのリンクから構成される揺動スライダクランク機構である．点O，

図3.23 空気圧シリンダで駆動される自転車の車輪機構

P, Qは回転対偶である。点Oは車輪の回転中心でもある。OQの長さをl, OPの長さをc, PQの長さをx, ∠QOPをαとするとき,

(1) xとαの関係を示せ。

(2) (1)の結果を時間で微分し, $\dot{x}$と$\dot{\alpha}$の関係を示せ。

[7] 図3.4に示すロボットアームの先端Pに, x軸方向成分がF_x, y軸方向成分がF_yの外力が加わるとき, 点O_1, O_2に発生するモーメントをそれぞれ求めよ。

[8] **図3.24**に示すロボットアームではリンクA, B, C, Dからなる平行リンク機構が形成されている。リンクAは写真では見えないが, リンクCと平行に構成されている。リンクAとリンクBはモータ1, 2によってそれぞれ, ロボットベースEに対して回転駆動される。リンクAの長さをa, リンクBおよびDの長さをbとする。リンクCの全長はcとし, リンクC上の二つの回転対偶素間の長さはaである。いま, リンクAの水平面に対する角度をθ_1, リンクBの垂直線に対する角度をθ_2とするとき,

(1) リンクCの先端位置x, yをθ_1およびθ_2の関数として導け。

(2) (1)の結果を利用して, $\dot{x}$, $\dot{y}$をそれぞれθ_1, θ_2, $\dot{\theta}_1$, $\dot{\theta}_2$の関数として導け。

(3) リンクCの先端に$-y$方向に荷重wが加わるとき, モータ1, 2に発生するトルクt_1, t_2を求めよ。

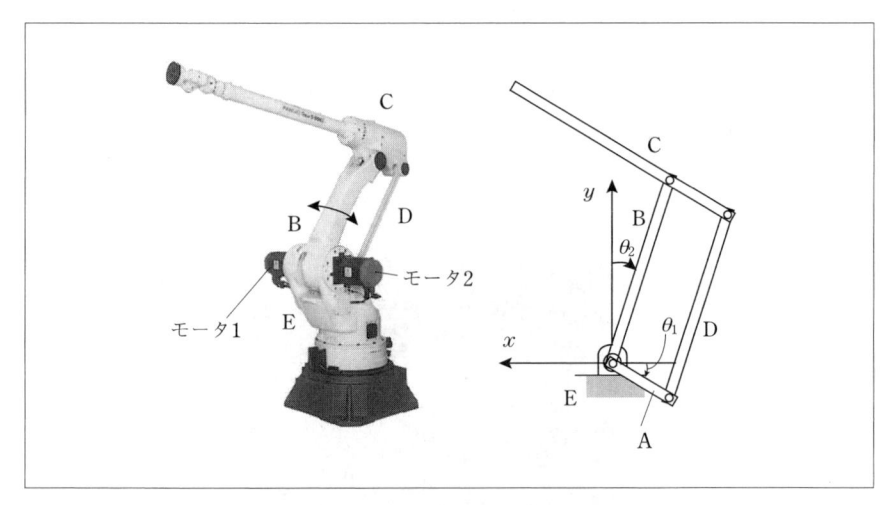

図3.24 平行リンク機構を用いたロボットアーム
〔ファナック(株)〕

演 習 問 題　63

[9]　図3.25に示すオフセットを持つスライダクランク機構において，θ, $\dot{\theta}$から x, $\dot{x}$を求める式を導け．つぎに，$a = 50$〔mm〕，$b = 70$〔mm〕，$c = 10$〔mm〕 とし，$x = 20 \sim 110$〔mm〕の範囲で5〔mm〕刻みで順に動かすとき，それぞ れの場合について，θを計算して表にせよ．また，横軸にx，縦軸にθをとり グラフ化せよ（計算は，プログラム電卓，コンピュータによる自作のプログラ ム，表計算プログラム，市販の数値計算や機構解析ソフトウェアなど，身近な ものを利用して行うこと）．

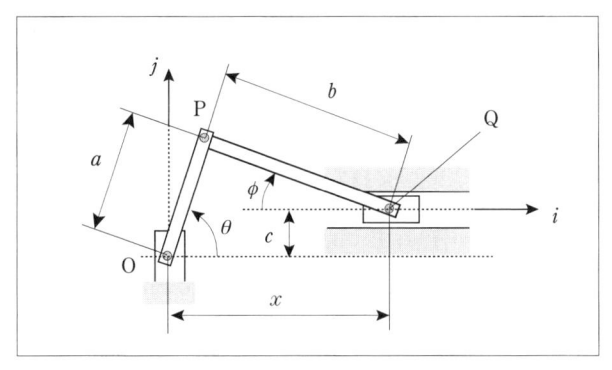

図3.25　オフセット付きスライダクランク機構

4 歯車機構

　歯車（gear）は，一般の機構においてもロボットにおいても，最も頻繁に用いられる機素の一つである．本章では，まず歯車の基礎について述べた後，減速機等，歯車を用いた機構について説明する．

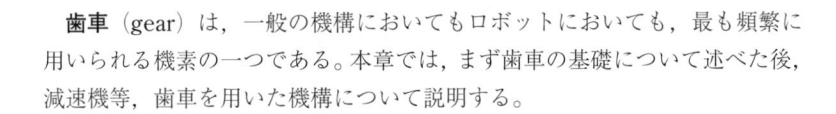

4.1　歯車の基礎

4.1.1　歯車の種類

　歯車は，回転軸の向きや回転方向の変換，回転数およびトルクの変換，回転運動と直線運動の間の変換等に用いられる．代表的な歯車の例を**図4.1**に示す．

　平歯車は，最も基本的な歯車で，**スパーギヤ**（spur gear）とも呼ばれる．径が小さい平歯車は**ピニオンギヤ**（pinion gear）とも呼ばれる．

　歯をつるまき状に形成した歯車は，**はすば歯車**または**ヘリカルギヤ**（helical gear）と呼ばれる．平歯車に比べて，歯が滑らかに接触してゆくので発生音が小さく，また歯の接触する面積が大きいので大きなトルク伝達が行える．ただし，回転運動の伝達に伴って軸荷重が生じる．

　方向の異なる二つのはすば歯車を組み合わせた歯車は，**やまば歯車**（double helical gear）と呼ばれる．それぞれのはすば歯車に生じる軸荷重が相殺される．

4.1 歯車の基礎　　65

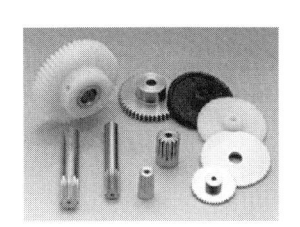

平歯車およびピニオンギヤ

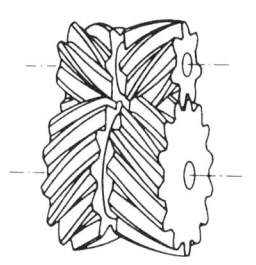

はすば歯車

やまば歯車

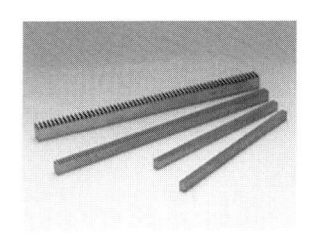

内歯車

ラック

傘歯車

曲がり傘歯車

ウォームギヤと
ウォームホイール

図4.1 代表的な歯車〔協育歯車工業(株)〕

円筒の内側に歯が形成された歯車は**内歯車**（internal gear）と呼ばれる。直線状の歯車は**ラック**（rack）と呼ばれる。無限大の径を持ったスパーギヤとも考えられる。ラックとピニオンの組合せは，**ラックピニオン機構**と呼ばれ，回転運動と直線運動間の変換に用いられる。

以上の歯車は，かみあう二つの歯車の回転軸が平行なので，**平行軸歯車**と呼ばれる。

傘歯車（bevel gear）は円錐形の歯車で，回転軸の方向を変えるのに用いられる。歯数が等しい傘歯車は**マイタギヤ**（miter gear）と呼ばれる。歯がつるまき状に形成されているものは**曲がり傘歯車**（spiral bevel gear）と呼ばれ，通常の傘歯車よりも許容伝達トルクが大きく，自動車の駆動系に用いられる。傘歯車は二つの歯車の回転軸が交差するので**交差軸歯車**と呼ばれる。

ウォームギヤ（worm gear）は**ウォームホイール**（worm wheel）と組み合わせて使う。ウォームホイールには，かみあうウォームギヤの歯面の角度に合うように歯が斜めに形成される。大きな減速比を得られるのでトルクを増大させる目的でよく用いられるが，歯面のすべり摩擦が大きいので伝達効率はあまりよくない。また，ウォームホイール側からウォームを回すことはできない。ウォームギヤとウォームホイールは，回転軸が交わらないので**食違い軸歯車**と呼ばれる。

4.1.2 インボリュート歯車

平歯車を取り上げて，歯車に関する基本的な用語とその概念をまとめる。平歯車はその歯の形によっていくつかの種類に分けられるが，現在実用されている歯車の大部分は**インボリュート歯車**と呼ばれるものである。

インボリュート歯車は，インボリュート曲線と呼ぶ曲線で歯が構成される。このほかには，サイクロイドやトロコイドといった歯形があるが，計器や時計など一部の特殊用途を除けば，用いられることは少ない。

インボリュート歯車が広く一般に用いられる理由として以下が挙げられる。

1. つねに一定の角速度比で回転運動の伝達が行える。

2. 創成歯切りという方法で，容易に加工できる。
3. 中心距離に多少の誤差があっても正しい回転伝達が行える。
4. 互換性が大きい。

ここではインボリュート歯車を中心に述べる。

(a) 歯車の動作メカニズム

初めに平歯車の動作原理を少し一般化してみてみよう。

図4.2は二つの平歯車A，Bのかみあいを模式的に示している。二つの歯車の回転中心をそれぞれ，O_A，O_Bとする。いま，歯車Bがω_Bの角速度で回転し，これにより歯車Aがω_Aの角速度で駆動されるものとする。二つの歯車の接触点をQとし，歯車Aの接触点をQ_A，歯車Bの接触点をQ_Bとする。点Q，Q_A，Q_Bは同じ位置にある。また，接触点Qにおける二つの歯面の共通接線をtt，法線をnnとする。

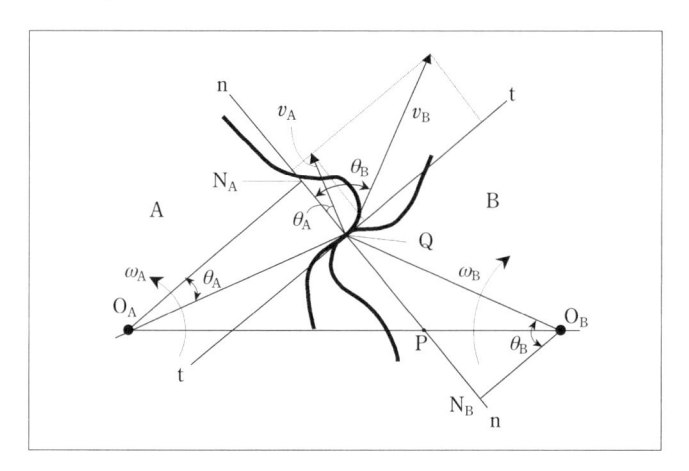

図4.2 歯のかみあい

図中，v_A，v_Bで示すように点Q_AとQ_Bはそれぞれ$\overline{O_A Q}$，$\overline{O_B Q}$に対して直角方向に動く。図に示すように，v_Aとv_Bは，nn方向の速度成分は等しいがtt方向の速度成分は一致せず，これは歯面間のすべりとなる。これからわかるように歯車による運動伝達は純粋な転がり接触によるものではなく，必ず歯面同士

の滑り運動を伴う．したがって歯面の潤滑は歯車機構の性能を左右する非常に重要な要因となる．

二つの歯車の角速度 ω_A，ω_B の関係を考えてみよう．v_A，v_B と法線 nn のなす角を図 4.2 に示すように θ_A，θ_B とすると次式が成り立つ．

$$v_A \cos \theta_A = v_B \cos \theta_B \tag{4.1}$$

一方，$v_A = \overline{O_AQ}\omega_A$，$v_B = \overline{O_BQ}\omega_B$ であるから，式 (4.1) に代入して次式を得る．

$$\frac{\omega_A}{\omega_B} = \frac{\overline{O_BQ}\cos\theta_B}{\overline{O_AQ}\cos\theta_A} = \frac{\overline{O_BN_B}}{\overline{O_AN_A}} \tag{4.2}$$

ただし，点 O_A，O_B から直線 nn に降ろした垂線の根元をそれぞれ N_A，N_B とする．

△N_AO_AP と △N_BO_BP は相似であるから

$$\frac{\omega_A}{\omega_B} = \frac{\overline{O_BP}}{\overline{O_AP}} \tag{4.3}$$

このように，二つの歯車 A，B の角速度比 ω_A/ω_B は，$\overline{O_BP}$ と $\overline{O_AP}$ の比となることがわかる．

上述したように，点 P は二つの歯面の共通法線 nn と直線 O_AO_B の交点であるから，その位置は歯面の形（歯形曲線という）に依存する．一般的には，点 P は歯車の回転とともに直線 O_AO_B 上を動き，二つの歯車の角速度比は一定しない．

しかし，後述するように，歯形曲線としてインボリュート曲線を用いると点 P の位置は歯車が回転しても一定となる．この点を**ピッチ点**と呼ぶ．また，歯車の回転中心を中心としピッチ点を通る円を**かみあいピッチ円**（または**ピッチ円**）と呼ぶ．歯車 A，B のかみあいピッチ円の直径をそれぞれ，d_{OA}，d_{OB} とすると，二つの歯車の回転速度の関係は次式となる．

$$\omega_A d_{OA} = \omega_B d_{OB} \tag{4.4}$$

すなわち，二つの歯車の回転速度に関しては，直径がそれぞれ d_{OA}，d_{OB} の二つの円筒の摩擦伝動の場合と同じように考えることができる．

(b) 平歯車各部の形状と用語

平歯車の大きさを表す代表的なパラメータとして，**歯数**（"はかず"と読む），**モジュール**（module），**基準ピッチ円**（または基準円）直径，円ピッチ等が挙げられる。歯数とは歯の数である。基準ピッチ円径 d_0 を歯数 z で割った値 $m = d_0/z$ をモジュールと呼ぶ。モジュールは一つの歯の大きさを表すパラメータである。一般的な平歯車では，基準ピッチ円は上述のかみあいピッチ円と同じであるが，後述する転位歯車では異なる。転位歯車まで考慮しない場合は，特に区別せず単にピッチ円と呼ぶ場合も多い。基準ピッチ円はJIS（日本工業規格）では**基準円**と呼ばれる。

詳細については後述するが，基準ピッチ円はその歯車固有のものであるのに対し，かみあいピッチ円は相手の歯車とのかみ合わせによって決まる。また，基準ピッチ円周上における歯のピッチは $m\pi$ となり，これを**円ピッチ**と呼ぶ。

平歯車の**図4.3**を用いてインボリュート平歯車各部の名称と基礎的な概念を説明する。

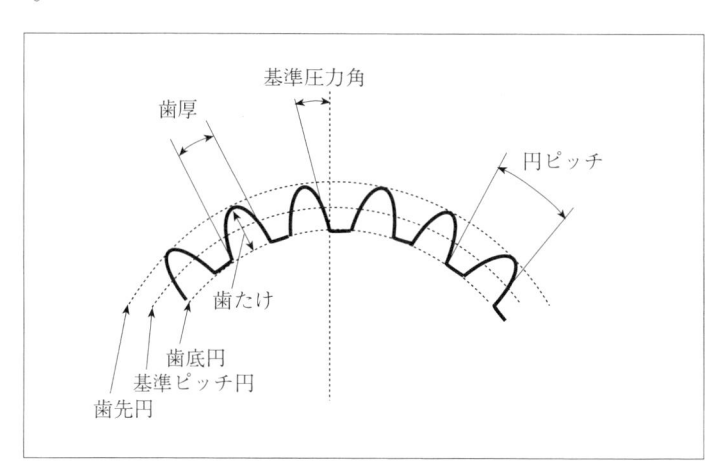

図4.3 平歯車の各部の名称

歯のかみあう面を**歯面**と呼ぶ。基準ピッチ円に沿って測った歯の厚さを**歯厚**，歯の軸方向（紙面に垂直方向）の厚さを**歯幅**と呼ぶ。基準ピッチ円における歯

面と歯車の半径方向のなす角を基準圧力角と呼ぶ。JISでは基準圧力角は20°と規定される。圧力角とは，歯面に対して働く力の方向を示すパラメータである。これも，ピッチ円と同様に，歯車固有のパラメータである基準圧力角と，相手の歯車とのかみ合わせによって決まるかみあい圧力角がある。転位歯車まで考慮しない場合は両者は等しい。

二つの歯車が正確にかみあうためには，二つの歯車のモジュールと基準圧力角がそれぞれ等しくなければならない。

歯の先と底をそれぞれ，**歯先**，**歯底**と呼ぶ。歯先，歯底を通る円をそれぞれ**歯先円**，**歯底円**と呼ぶ。また，歯先円と歯底円の半径差，すなわち歯の高さを**歯たけ**と呼ぶ。歯たけのうち，基準ピッチ円より先端側の高さを**歯末のたけ**，根元側の高さを**歯元のたけ**と呼ぶ。歯末のたけと歯元のたけの和が歯たけである。歯車がかみあった時，歯先と歯元との間にできるすきまを**頂げき**という。

歯車間のガタを**バックラッシ**と呼ぶ。精密な運動伝達を行うには，バックラッシをできるだけ小さくする必要があるが，滑らかにかみあわせるにはある程度のバックラッシを持たせる必要がある。バックラッシが小さすぎると歯面間に潤滑油が入らず，歯面同士が金属接触する問題も生じる。大きすぎるとガタが大きくなり騒音が発生しやすくなる。

例題 4.1 モジュール1で，歯数が28と40の通常のインボリュート歯車を用いて回転を伝えるには，歯車の軸間をいくらにとればよいか。

解答 基準ピッチ円の半径がそれぞれ，14〔mm〕と20〔mm〕なので，軸間は34〔mm〕にとればよい（ただし，後述する転位歯車を用いた場合，この計算は成り立たない）。　　　　　　　　　　　　　　　　　　　　　　　　　◇

(c) インボリュート曲線

図4.4に示すように，円に巻きつけられた糸をほどいていくときに糸の先端が描く軌跡を**インボリュート曲線**と呼ぶ。この円を**基礎円**（base circle）と呼ぶ。ほどけてゆく"糸"は，基礎円の接線であり，インボリュート曲線と垂直に

4.1 歯車の基礎

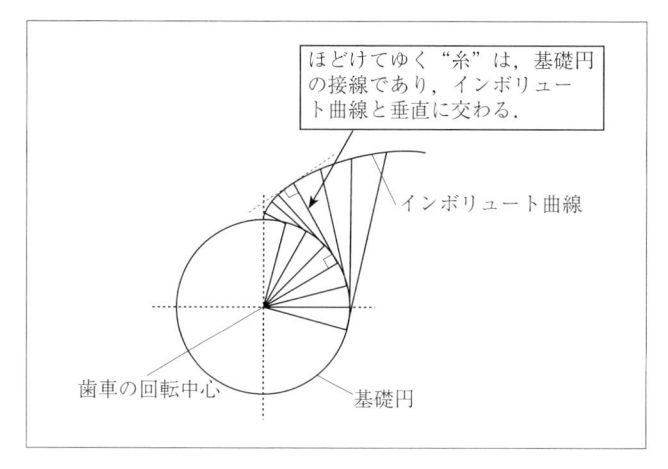

図4.4 インボリュート曲線

交わる。

二つのインボリュート歯車がかみあう様子を**図4.5**に示す。図からわかるように，接触点における二つの歯面の共通垂線nnは，二つの基礎円の共通接線と一致する。この関係は，歯車が回転して歯面の当たり方が変わってもつねに成り立つので，ピッチ点の位置が一定であることがわかる。すなわち式(4.3)

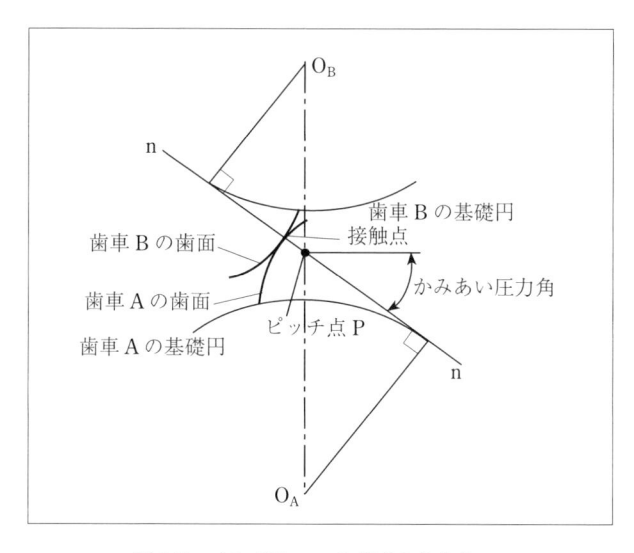

図4.5 インボリュート歯車のかみあい

からわかるように，インボリュート歯車のかみあいでは，角速度比はつねに一定である。

さらに図からわかるように，この関係は二つの歯車の中心距離$O_A O_B$が変化しても変わらない。すなわち，中心距離に多少の誤差があっても正しい回転伝達が行える。

|例題| **4.2 インボリュート曲線**
半径1の基礎円を持つインボリュート曲線を計算で描け。

|解答| 図4.6のようにx-y座標系をとり，インボリュート曲線(x, y)を求め

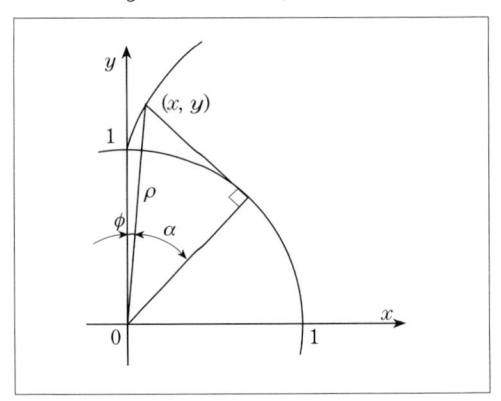

図4.6 計算によるインボリュート曲線の生成

ることにする。

計算を容易に進めるために，図のように，α, ρ, ϕをとると次式を得る。

$$\left. \begin{array}{l} \rho \cos \alpha = 1 \\ \alpha + \phi = \tan \alpha \end{array} \right\} \tag{4.5}$$

インボリュート曲線上の点(x, y)について，次式が成り立つ。

$$\left. \begin{array}{l} x = \rho \sin \phi \\ y = \rho \cos \phi \end{array} \right\} \tag{4.6}$$

式(4.6)に式(4.5)を代入することにより，つぎのようにαを媒介変数としたインボリュート曲線が得られる。

$$\left.\begin{aligned} x &= \frac{\sin(\tan\alpha - \alpha)}{\cos\alpha} \\ y &= \frac{\cos(\tan\alpha - \alpha)}{\cos\alpha} \end{aligned}\right\} \tag{4.7}$$

$\tan\alpha - \alpha$ はインボリュート関数と呼ばれ，$\mathrm{inv}(\alpha)$ と書かれることも多い．

式（4.7）に基づいて，Excelで描いたインボリュート曲線を**図4.7**に示す． ◇

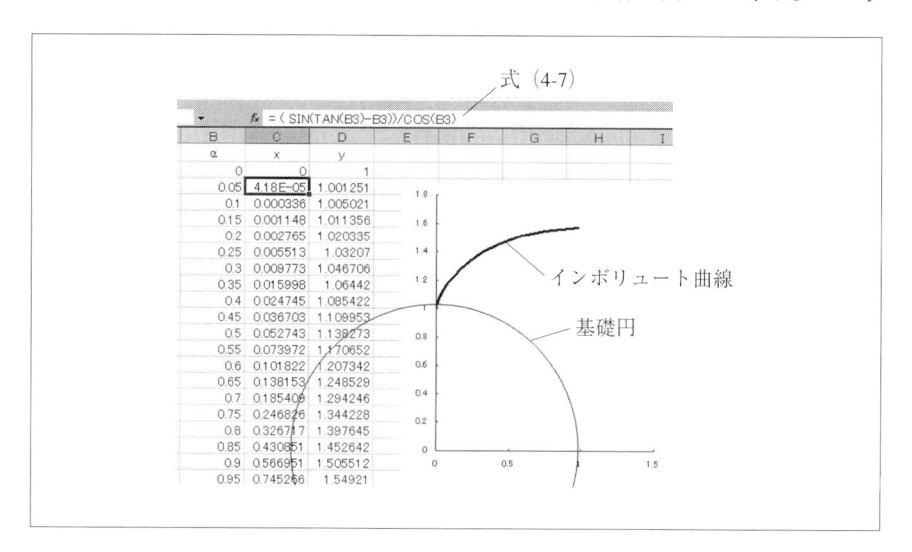

図4.7 Excelを用いたインボリュート曲線の生成

（d）創成歯切り

インボリュート歯車は，通常，**図4.8**に示すラックと呼ばれる切削工具を用いて加工される．標準的なラックの寸法や形状はJISで規定されている．図に示すようにラックは直線状の刃で構成され，歯厚が基準ピッチの1/2となる位置をラックの基準ピッチ線と呼ぶ．

図4.8に示すようにラックの**基準ピッチ線**と形成する歯車の基準ピッチ円が転がり運動をするようにラックと加工される歯車を動かすと，図にグレーのかげで示すようにラックが通った後が切削され，残った部分がインボリュート歯車となる．**図4.9**は歯車を固定してラックの運動の軌跡を描いた図である．

このような加工により，前述のようなインボリュート曲線の計算をすること

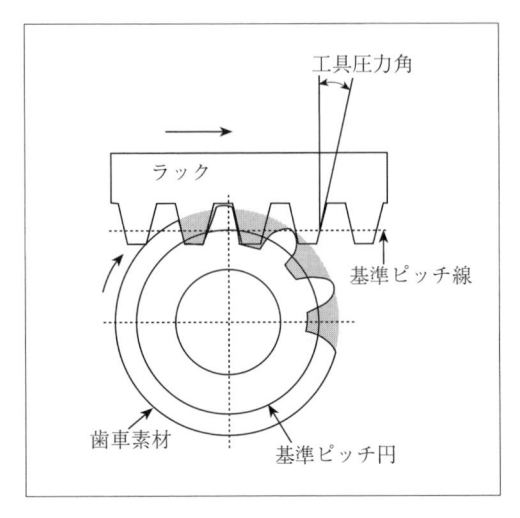

図 4.8 創成歯切り

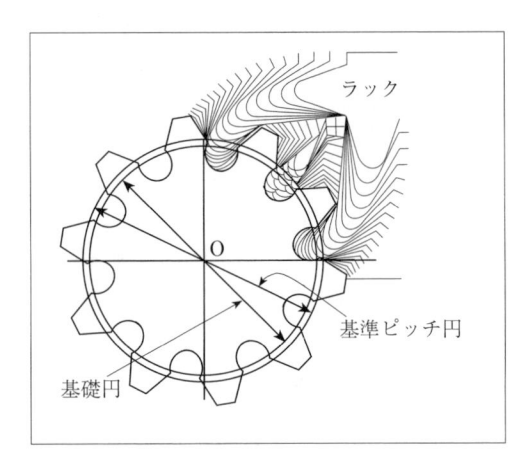

図 4.9 創成歯切りにおけるラックの軌跡[26]

なく，インボリュート歯形を成形することができる．実際には，図 4.8 のようにラックを被加工物に押し付けるだけでは切削できないので，例えば図 4.8 においてラックを紙面に垂直に往復運動させながら切削を進める．このような加工法を総称して**創成歯切り**と呼ぶ．

（e）**転 位 歯 車**

標準のインボリュート歯車では，上記の説明のようにラックの基準ピッチ線

と歯車の基準ピッチ円が接するように加工を行うが，図4.8においてラックをxmだけ上方にずらして歯切りを行ってもインボリュート歯形が創成される。このようにして作られたインボリュート歯車を**転位歯車**（profile shifted gear），ラックのずらした距離を転位量，xを**転位係数**と呼ぶ。mはモジュールである。また，ラックと歯車が離れる方向に転位することを**正の転位**，逆にピッチ円よりも内側にラックの中心軸を押し込む転位を**負の転位**と呼ぶ。転位を行うと，モジュールと歯数で決まる本来のピッチ円に対して，実際のかみあいが行われるピッチ円は，転位量だけ半径方向に変化する。これらを区別するために，前者を**基準ピッチ円**，後者を**かみあいピッチ円**と呼ぶ。

　転位を行うことにより，歯厚やかみあいピッチ円径を変えることができるので，切り下げ（成形されたインボリュート歯形の根元がラックの歯先でえぐり取られて細くなる現象で，外径のわりに歯数の少ない場合に生じる（**図4.10**参照）。を防止したり，同じ歯数とモジュールを用いても軸心間距離を変えることができる。

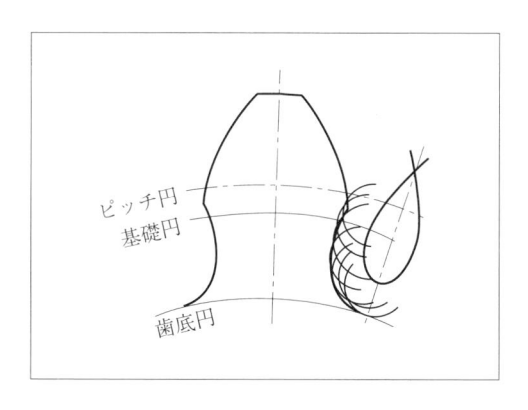

図4.10　切り下げの例[27]

4.2 減速機

多くのロボットは電磁モータで駆動されるが，モータの出力軸で直接ロボット関節を駆動する場合はまれで，普通は減速機を介してロボット関節を駆動する．

減速機の役割の一つはトルクの増大である．ロボット機構で要求される性能に比べて，一般に電磁モータの定格回転数はかなり高く，逆にトルクは小さい．減速機を用いてモータの回転を減速することで，大きなトルクを得て関節を駆動することができる．

減速比 n，効率 η の減速機を考えてみよう．入力軸と出力軸の回転速度をそれぞれ ω_i，ω_o，トルクをそれぞれ T_i，T_o とすると

$$\omega_o = \frac{\omega_i}{n} \tag{4.8}$$

入力エネルギと出力エネルギの関係により次式が成り立つ．

$$\eta \omega_i T_i = \omega_o T_o \tag{4.9}$$

したがって，出力トルクはつぎのとおりとなる．

$$T_o = \eta n T_i \tag{4.10}$$

減速機のもう一つの役割は，モータにかかる被駆動物の慣性モーメントを小さくすることである．減速機にかかる負荷の慣性モーメントを I とすると

$$I \dot{\omega}_o = T_o \tag{4.11}$$

式 (4.11) に式 (4.8)，式 (4.10) を代入すると次式を得る．

$$\frac{I}{\eta n^2} \dot{\omega}_i = T_i \tag{4.12}$$

すなわち，減速機を用いることによって，モータにかかる慣性負荷が $1/(\eta n^2)$ に小さくなることがわかる

減速機の性能は，ロボットの効率，位置決め精度，剛性，振動等に直接影響するので，きわめて重要な役割を果たしている．

4.2 減速機

なお，減速比 n は通常，式（4.8）に示したように，（入力軸の回転速度）/（出力軸の回転速度）で定義される。しかし，製品カタログや文献によっては，まれにこの逆数を減速比と呼ぶ場合もあるので注意が必要である。

以下，ロボット用減速機として，よく用いられるものをいくつか示す。

（a）遊星歯車減速機

遊星歯車減速機（planetary reduction gear）は，**太陽歯車**（sun gear），**内歯車**（internal gear），太陽歯車と内歯車にかみあいながら動作する**遊星歯車**（planetary gear），および遊星歯車を回転支持する**キャリヤ**（carrier）から構成される。

実際の代表的な遊星歯車減速機の例を**図 4.11** に示す。内歯車を固定し，太陽歯車を入力軸，キャリヤの公転回転を出力として用いる場合が多い。1段で

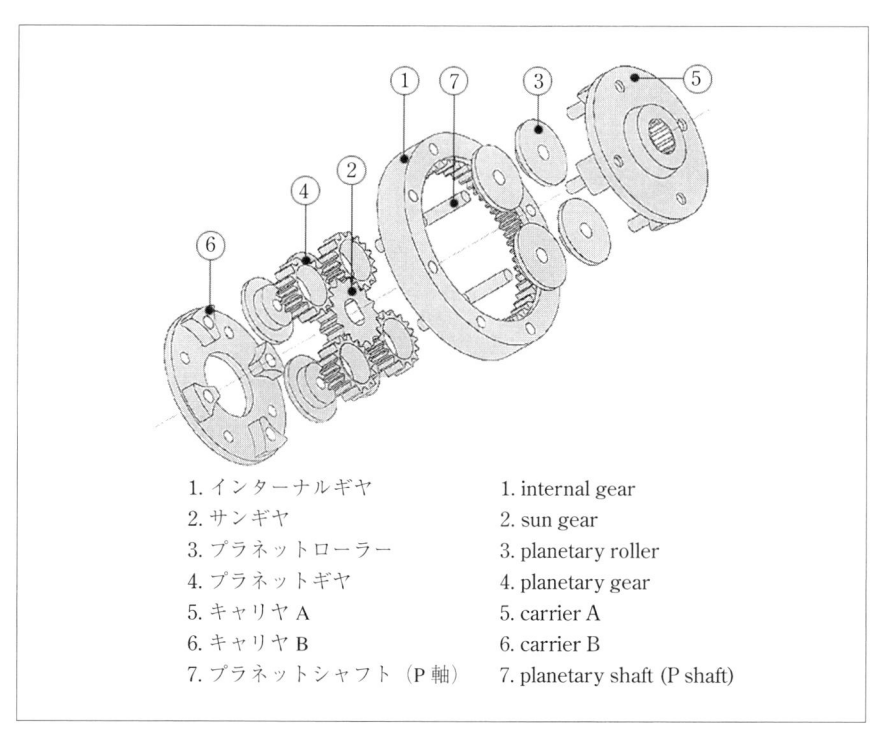

1. インターナルギヤ
2. サンギヤ
3. プラネットローラー
4. プラネットギヤ
5. キャリヤA
6. キャリヤB
7. プラネットシャフト（P軸）

1. internal gear
2. sun gear
3. planetary roller
4. planetary gear
5. carrier A
6. carrier B
7. planetary shaft (P shaft)

図 4.11 遊星歯車減速機
〔マテックス株式会社〕

10程度の減速比のものが多く,大きな減速比を得る場合には多段に構成する。90%以上の高い効率を持つ。

(b) ハーモニックドライブ減速機

ハーモニックドライブ減速機は,**図4.12**に示すように,ウェーブジェネレ

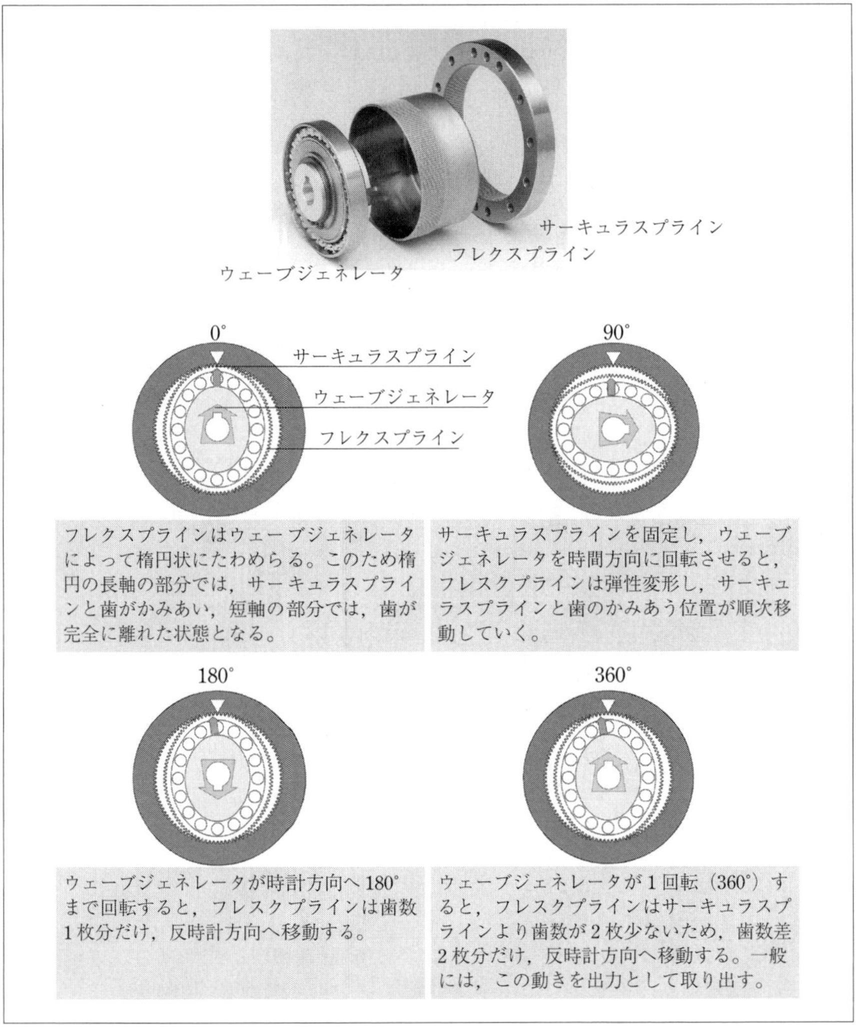

0°	90°
フレクスプラインはウェーブジェネレータによって楕円状にたわめらる。このため楕円の長軸の部分では,サーキュラスプラインと歯がかみあい,短軸の部分では,歯が完全に離れた状態となる。	サーキュラスプラインを固定し,ウェーブジェネレータを時間方向に回転させると,フレスクプラインは弾性変形し,サーキュラスプラインと歯のかみあう位置が順次移動していく。
180°	360°
ウェーブジェネレータが時計方向へ180°まで回転すると,フレスクプラインは歯数1枚分だけ,反時計方向へ移動する。	ウェーブジェネレータが1回転(360°)すると,フレスクプラインはサーキュラスプラインより歯数が2枚少ないため,歯数差2枚分だけ,反時計方向へ移動する。一般には,この動きを出力として取り出す。

図4.12 ハーモニックドライブ減速機
〔㈱ハーモニック・ドライブ・システムズ〕

ータ，フレクスプライン，サーキュラスプラインの三つの部品から構成されるユニークな動作原理を持つ減速機である。高い減速比（50～320）が得られ，バックラッシが小さい，といった特徴を有し，ロボット機構では最も頻繁に用いられる減速機である。フレクスプラインの弾性変形を利用しているので，剛性はやや低い。

(c) サイクロ減速機

サイクロ減速機の原理を図4.13に示す。円弧歯形を持つ遊星歯車を偏心カムで回転させると，円周上に配置した外ピンとかみあいながら遊星運動を行う。この自転成分を遊星歯車に設けた穴とかみあう内ピンで出力として取り出す。外ピンと内ピンにはローラがはめ込まれており，これによって遊星歯車とピンは転がり接触を行う。

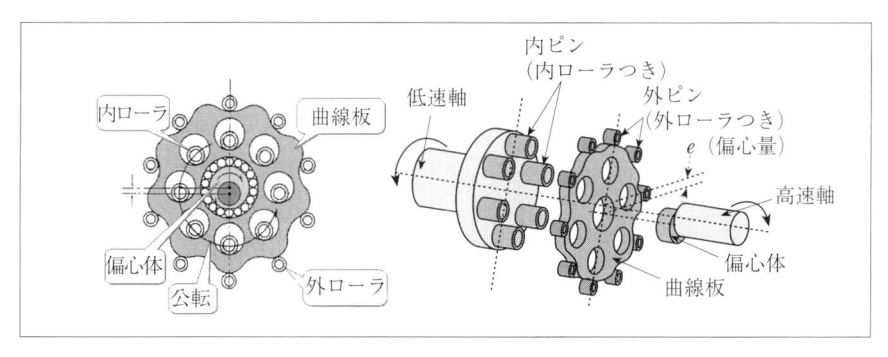

図4.13 サイクロ歯車減速機
〔住友重機械工業(株)〕

(d) ウォームギヤ

4.1.1項で述べたようにウォームギヤはウォームホイールと組み合わせて用いられる食い違い軸歯車の一種であるが，大きな変速比が得られるので減速機の一種として扱われる場合が多い。簡単な構造なのでよく用いられる。減速機としてみた場合，効率が40～50%とあまりよくない，ホイール側からのバックドライブができない，入出力の回転軸が食い違うといった特徴がある。後者二つは用途によっては優れた性質として利用できる。

(e) ボールスクリュー

ボールスクリューは，回転モータから直線運動を得るねじ対偶要素として，精密位置決めテーブルや，直交座標ロボットやパラレルリンクロボットの直動機構に用いられている（**図4.14**参照）。ナットとスクリューの間にボールを用いることにより摩擦を低減し，高い駆動効率（95％以上）が実現できる。

図4.14 ボールスクリュー〔THK(株)〕

4.3 歯車機構の解析

複数の歯車を組み合わせた機構は，歯車機構または**歯車列**（gear train）と呼ばれ，複数の歯車およびこれら歯車の回転軸を支持する**キャリヤ**（carrier）と呼ばれる機素から構成される。ここでは，各歯車とキャリヤの相対運動の関係を明らかにし，歯車機構の解析方法について説明する。

(a) キャリヤ固定の歯車機構

初めに，**図4.15**と**図4.16**に示すように，キャリヤを固定した場合の歯車の回転関係を示す。いま，ω_A, ω_B を，それぞれ，キャリヤCからみた歯車A，および歯車Bの角速度（時計回りを正）とする。また，Z_A, Z_B をそれぞれの歯車の歯数とすると，つぎの式（4.13）と式（4.14）が成り立つ。

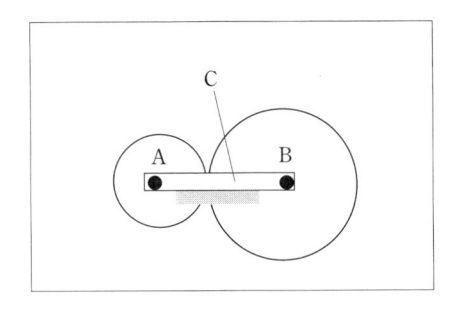

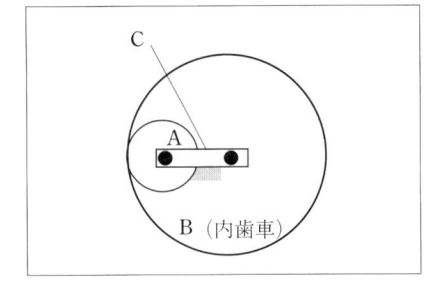

図4.15 外歯車同士のかみあい

図4.16 内歯車-外歯車のかみあい

（外歯車同士のかみあいの場合）

$$\frac{\omega_\mathrm{A}}{\omega_\mathrm{B}} = -\frac{Z_\mathrm{B}}{Z_\mathrm{A}} \tag{4.13}$$

（内歯車-外歯車のかみあいの場合）

$$\frac{\omega_\mathrm{A}}{\omega_\mathrm{B}} = \frac{Z_\mathrm{B}}{Z_\mathrm{A}} \tag{4.14}$$

(b) **歯車固定の場合**

キャリヤを固定せず，代わりに一つの歯車を固定すると一般に遊星歯車機構が得られる．ここでは，図4.17に示すように歯車Bを固定して説明する．他方の歯車Aは，歯車Bにかみあったままキャリヤ C とともに歯車Bの回りを回る．このとき，惑星の運動に見立てて，固定された歯車Bを**太陽歯車**（sun gear），回転する歯車Aを**遊星歯車**（planetary gear）と呼ぶ．

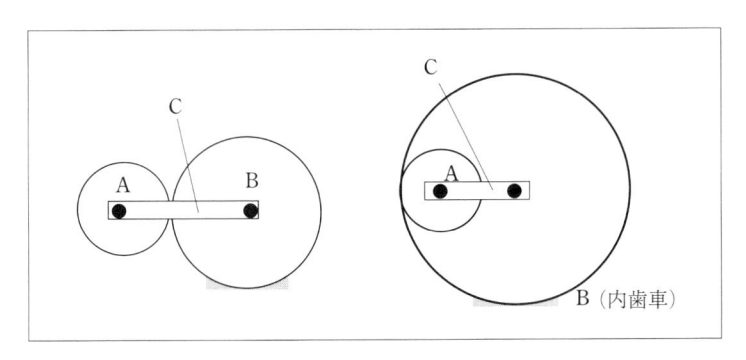

図4.17 歯車固定の場合

固定座標系（太陽歯車に固定された座標系）からみた，キャリヤCの回転速度と遊星歯車Aの自転速度をそれぞれ，ω_C，ω_Aとする。

キャリヤCから太陽歯車Bと遊星歯車Aの動きを観測すると，太陽歯車Bの回転速度は，$-\omega_C$，遊星歯車Aの回転速度は$\omega_A - \omega_C$となるので，これを，式 (4.13) と式 (4.14) に代入すると（両式はキャリヤからみた，歯車の回転運動の関係式である点に注意），つぎの式 (4.15) と式 (4.16) を得る。

（外歯車同士のかみあいの場合）

$$\frac{\omega_A - \omega_C}{-\omega_C} = -\frac{Z_B}{Z_A} \tag{4.15}$$

（内歯車-外歯車のかみあいの場合）

$$\frac{\omega_A - \omega_C}{-\omega_C} = \frac{Z_B}{Z_A} \tag{4.16}$$

以上の関係を利用して，図4.11に示した遊星歯車減速機の減速比を求めてみよう。図4.11の四つの遊星歯車は同じように動くので，**図4.18**に示すような一つの遊星歯車を持ったモデルで考える。キャリヤCからみると，各歯車の回転速度はつぎのようになる。

遊星歯車Aの回転速度：$\omega_A - \omega_C$

太陽歯車Bの回転速度：$\omega_B - \omega_C$

内歯車Dの回転速度：$-\omega_C$

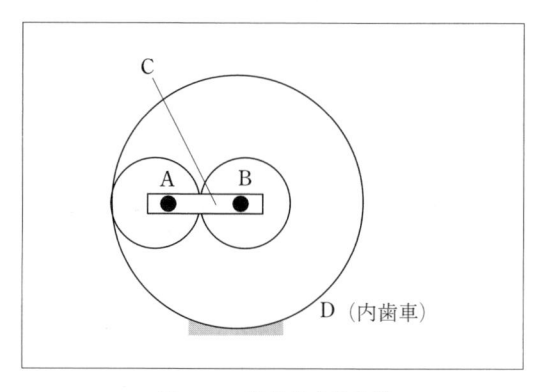

図4.18 遊星歯車減速機

式 (4.15), (4.16) の関係を用いて (各機素A, B, C, Dの名前の付け方が異なるので注意), 式 (4.17) と式 (4.18) を得る.

歯車AとBのかみあいは

$$\frac{\omega_B - \omega_C}{\omega_A - \omega_C} = -\frac{Z_A}{Z_B} \tag{4.17}$$

歯車AとDのかみあいは

$$\frac{\omega_A - \omega_C}{-\omega_C} = \frac{Z_D}{Z_A} \tag{4.18}$$

両式を掛け合わせて

$$\frac{\omega_B - \omega_C}{-\omega_C} = -\frac{Z_D}{Z_B}$$

$$\frac{\omega_B}{\omega_C} = 1 + \frac{Z_D}{Z_B} = \frac{2(Z_A + Z_B)}{Z_B} \tag{4.19}$$

演習問題

[1] 図4.19は模型等で頻繁に用いられる減速機構である. 本文で述べた減速機に

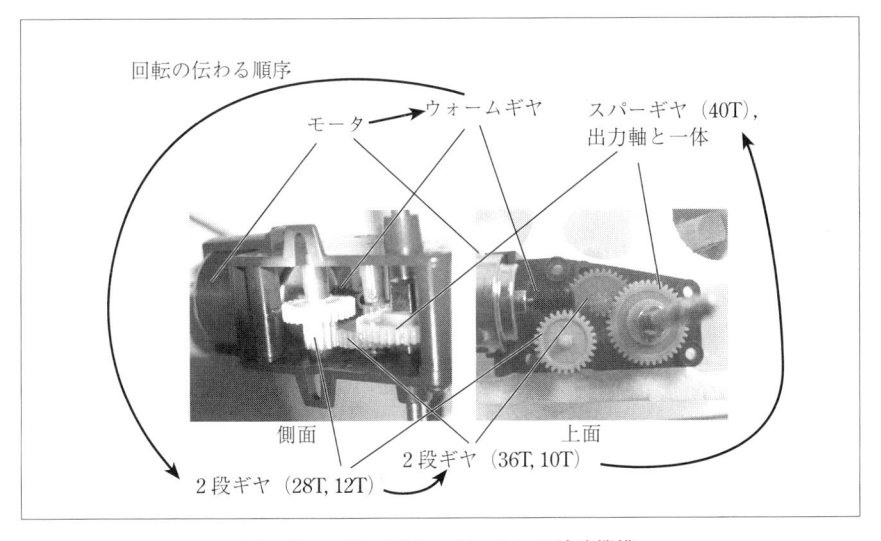

回転の伝わる順序
モータ
ウォームギヤ
スパーギヤ (40T), 出力軸と一体
側面
上面
2段ギヤ (28T, 12T)
2段ギヤ (36T, 10T)

図4.19 プラモデルで用いられる減速機構

比べてどのような長所，短所があるか．また，減速比を求めよ．図中，Tは各歯車の歯数を示す．

[2] 図4.20の遊星歯車機構において
　　(1) 内歯車を固定し，太陽歯車を入力軸，キャリヤを出力軸としたとき
　　(2) キャリヤを固定し，太陽歯車を入力軸，内歯車を出力軸としたとき
のそれぞれの場合について，減速比と回転方向を求めよ．太陽歯車，遊星歯車，内歯車の歯数をそれぞれ30，20，70とする．

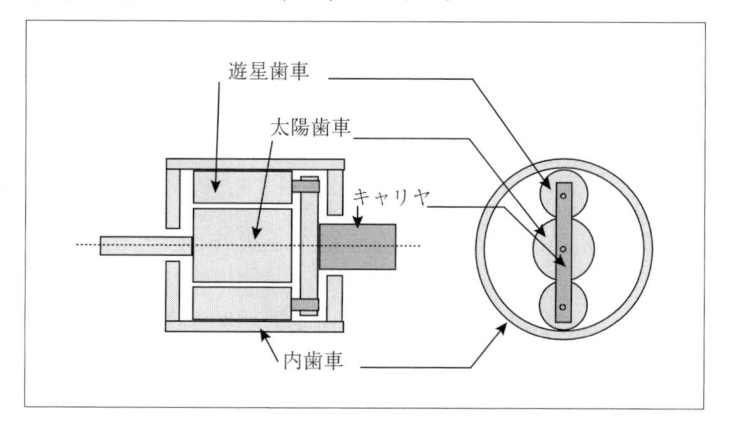

図4.20　遊星歯車機構

[3] 図4.12のハーモニックドライブ減速機において，サーキュラスプラインを固定し，ウェーブジェネレータの回転軸を入力軸，フレクスプラインを出力軸としたとき，減速比はいくつになるか．また，回転方向はどうなるか．サーキュラスプラインとフレクスプラインの歯数をそれぞれ，Z_f，Z_c とする．

[4] 図4.21は**マイクロ不思議遊星歯車減速機**（micro paradox reduction gearing）と呼ばれる減速機で，マイクロマシン用の減速機として用いられる．
　　この減速機は，図4.22に示すように，二つの内歯車A，Bを持ち，これらに遊星歯車が同時にかみあっている．これら二つの内歯車の歯数が異なるので，遊星歯車が遊星運動をすると二つの内歯車が徐々にずれてゆく．これにより，例えば内歯車Aを固定すると内歯車Bが出力軸となる．
　　(1)「不思議歯車」は正式な学術用語であるが，この減速機のどこが"不思議"でこのように呼ばれているのだろうか．考えてみよ．
　　(2) 太陽歯車，遊星歯車，内歯車A，内歯車Bの歯数をそれぞれ15，11，36，39とするとき，この減速機の減速比を求めよ．

演習問題　85

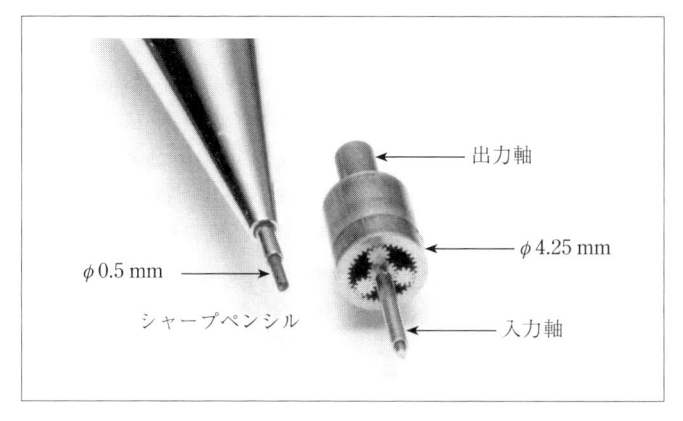

図4.21　マイクロ不思議減速機[21)]

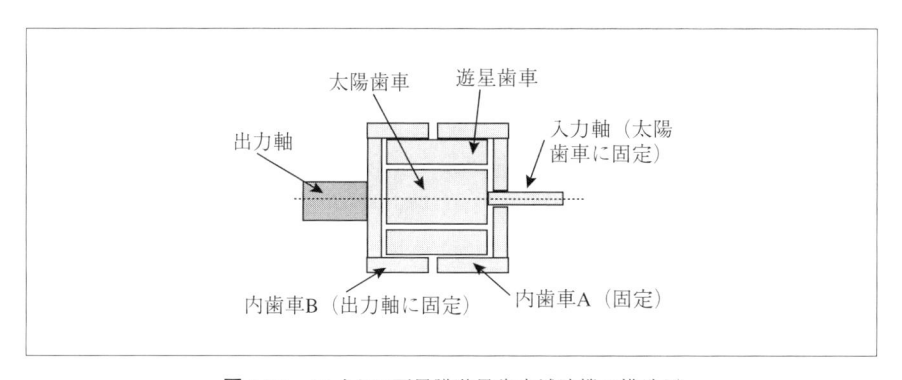

図4.22　マイクロ不思議遊星歯車減速機の構造[21)]

[5] 図4.23は**トロコイド歯車ポンプ**と呼ばれ，内歯車を持ったリングと回転軸と一体になった外歯車から構成される．リングの回転中心と外歯車の回転中心がずれているので，回転軸の回転に伴って，二つの歯車がかみあいながら回転し，このときの歯車間の隙間の変化を利用してポンプとして動作する．歯形にはトロコイドと呼ばれる曲線が使われている．回転軸が10回転するとリングは何回転するか．

[6] 図4.24は，**静電ワブルモータ**と呼ばれるマイクロモータである．ロータの電位を0にしてステータに高電圧を印加すると，ステータとロータ間に静電気力が発生する．高電圧を印加するステータを順に切り替えてゆくと，ロータはステータの内面を転がりながら動作する．ロータとステータには歯形が形成され，それぞれの歯数は95，96である．したがって，ロータが1公転すると歯のか

86   4. 歯車機構

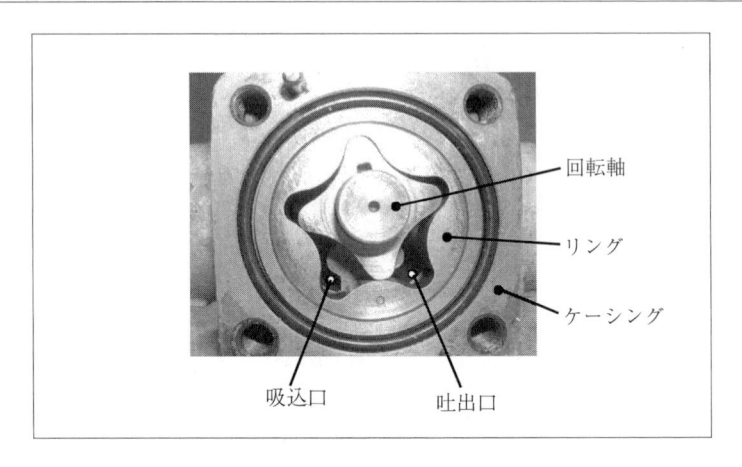

図4.23 トロコイド歯車ポンプ

図4.24 静電ワブルモータ[21]

みあわせが1枚ずれる．ロータを1自転させるには，印加電場を何回転させる必要があるか．

[7] 図4.25に示すモータは，空圧ワブルモータと呼ばれ空気圧で動作する．このモータは内部に六つの空間を持つゴム製のワブルジェネレータ，ワブルジェネレータの内側にはめ込まれ，内歯車を持ったワブルリング，それに外歯車を持ったロータから構成される．ワブルジェネレータの各圧力室を順に加圧していくとワブルリングが公転する．ワブルリングはワブルジェネレータとの摩擦により自転しない．ロータを1回転させるには，加圧パターンを何回転させればよいか．ただし，ワブルリングおよびロータの歯数はそれぞれ36，35である．

演 習 問 題

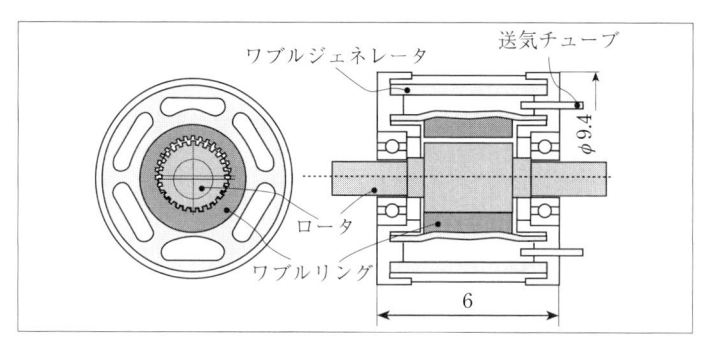

図4.25 空圧ワブルモータ[21]

[8] 図4.26は，遊星車輪機構と呼ばれる車輪機構で，工場内のパイプの中を移動して検査を行う管内検査ロボットの移動機構として用いられる．モータの回転は，ウォームギヤ，太陽歯車，遊星歯車に伝えられる．遊星歯車は，T字形リンクに回転支持され，太陽歯車の回りをかみあいながら回転する．

この機構は，ロボットに加わる軸方向の荷重F_Lに応じて，車輪の管壁への押し付け力が自動調整される機能を持っている．すなわち，軸方向の荷重F_Lが大きいときは車輪を管壁に強く押し付けて車輪と管壁間のグリップ力を高め，逆にF_Lが小さいときは車輪の管壁への押し付け力を下げるといった自動調整機能が機械的に実現される．この自動調整原理を図4.26をヒントに説明せよ．

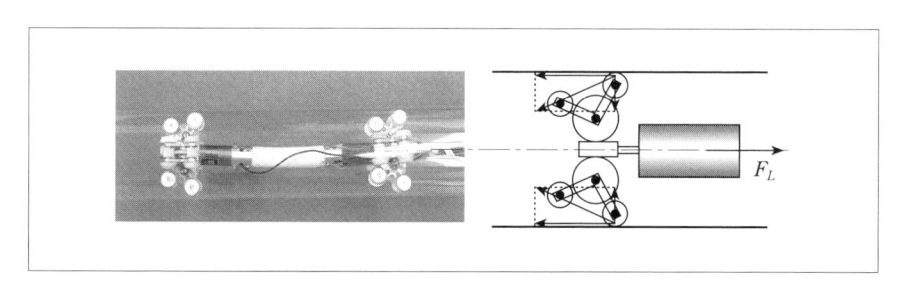

図4.26 管内検査ロボットと遊星車輪機構[21]

[9] 図4.27は，後輪駆動の車のディファレンシャルギヤの機構を示している．プロペラシャフトの回転により，二つの車輪が駆動される．プロペラシャフトの回転数ω_p，左右の車輪の回転数ω_R，ω_Lの関係を求めよ．傘歯車A，B，C，Dの歯数をそれぞれz_A，z_B，z_C，z_Dとする．また，歯車，E，Fの歯数はそれぞ

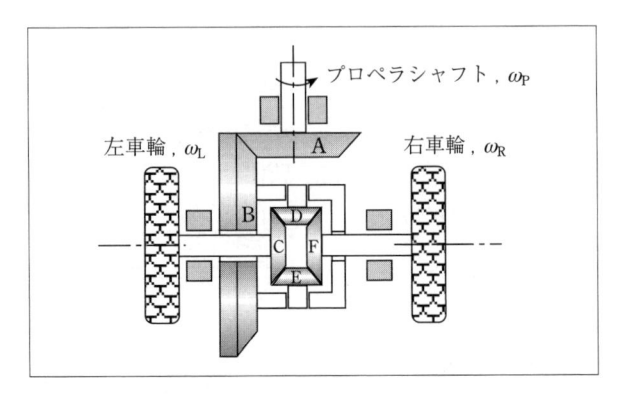

図 4.27 後輪駆動用ディファレンシャルギヤ

れ歯車 D, C のものと等しいとする。

5 ロボットの機構

ロボットはどのようなメカニズムを持ち，どのような原理で動作しているか。実例に基づいて述べる。本章では，ロボットのアームと移動機構に分けてみていくことにする。

5.1　ロボットマニピュレータ

5.1.1　ロボットマニピュレータの分類

ロボットのアームはロボットマニピュレータ，あるいは単に**マニピュレータ**（manipulator）とも呼ばれる。産業用ロボットには，移動機構を持たずマニピュレータのみで構成されるものが多い。代表的なマニピュレータの形式を図 **5.1** に示す。

直交座標形ロボット（Cartesian coordinate robot）は，x, y, z 軸がそれぞれ独立の直動機構で構成されるため，先端の動きが記述しやすく，制御が容易である。また，他のマニピュレータ機構に比べて比較的位置決め精度が出しやすい。しかし，マニピュレータ先端の動作範囲に比べてロボット全体が大きくなりがちである。

円筒座標形ロボット（cylindrical coordinate robot）や**極座標形ロボット**（polar coordinate robot）は，回転軸と直動軸が組み合わされた構成を持ち，座標変換が比較的容易でコンパクトな機構が構成できる。開発されたメーカの

90   5. ロボットの機構

直交座標形ロボット
〔ヤマハ発動機(株)〕

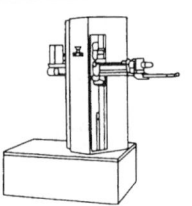

円筒座標形ロボット[24]
(バーサトラン形)

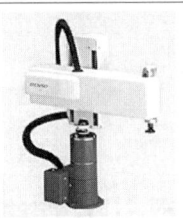

円筒座標形ロボット
(バーサトラン形)
〔(株)デンソーウェーブ〕

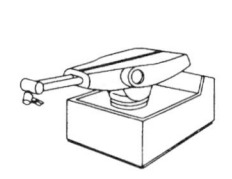

極座標形ロボット[24]
(ユニメート形)

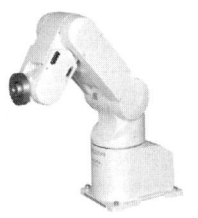

垂直多関節形ロボット
〔三菱電機(株)〕

垂直多関節形ロボット
〔(株)デンソーウェーブ〕

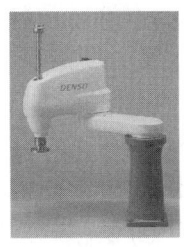

水平多関節形ロボット
(SCARA)
〔(株)デンソーウェーブ〕

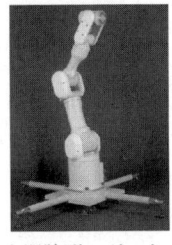

人間腕形ロボット
〔三菱重工(株)〕

平行リンク形ロボット
〔ファナック(株)〕

パレタイジングロボット
〔三菱電機(株)〕

パラレルロボット
(スチュワート
プラットフォーム形)
〔ファナック(株)〕

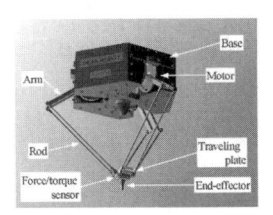

パラレルロボット
(HEXA 形)
〔東北大学 内山勝教授〕

図5.1　ロボットマニピュレータの形式

名前で，それぞれ**バーサトラン形**（Versartran），**ユニメート形**（Unimate）と呼ばれることも多い。1960年代から70年台初期の産業用ロボットで頻繁に用いられた形式である。

リンクを順に回転関節で結合して構成したロボットアームは**多関節形ロボット**と呼ばれる。おもに垂直平面内でアームが動作するものを**垂直多関節形ロボット**，**SCARA**（selective compliance assembly robot arm）のようにおもに水平面内でアームが動作するものを**水平多関節形ロボット**と呼ぶ。SCARAは日本で開発された形式のロボットである。ロボットの先端の剛性が，垂直方向には高く，水平方向には低い特性を持ち，おもに組み立て作業で広く用いられている。

多関節形ロボットの中でも，比較的人間の腕に似た形態や自由度配置を持つマニピュレータは**人間腕形**と呼ばれることもある。

平行リンクを利用したロボットも多く実用化されている。図5.1に示す平行リンク形ロボットは，二つのモータで平行リンク機構の二つのリンクをそれぞれ駆動することで，アームに2自由度の動きを与えている（動作原理については，すでに，3章の図3.24でも説明しているので参照されたい）。アームの根元にモータを設置できるので，アーム動作部分の重量を抑えることができる。

製品や荷物を移動させ，積み上げたり並べたりする作業は**パレタイジング**と呼ばれる。2.2.3項と図2.6で述べたように，パレタイジングロボットでも平行リンク機構が頻繁に用いられる。

パラレルロボットは，複数のリンクを並列に結合して構成されるロボットで，近年，研究開発が大きく進んだ。パラレルロボットは剛性を高くでき，位置決め精度も一般に高い。

5.1.2　ロボットマニピュレータの自由度

機構の自由度についてはすでに2章で述べている。ロボットを複数のリンクからなる機構とみたときに，その機構の自由度をロボットの自由度と呼ぶ。マニピュレータを構成する関節の動作自由度の合計とも定義できる。

マニピュレータの先端には，ハンド，スプレーガン，溶接機，加工具，吸着パッド等が作業内容に応じて装着される。これらは総称して，**エンドエフェクタ**（end-effector），または**手先効果器**と呼ばれる。

一般にロボットアームはエンドエフェクタの位置と姿勢をコントロールすることに主たる目的がある。3次元空間でエンドエフェクタの位置と姿勢は6自由度を有するので，エンドエフェクタの位置と姿勢を自由に制御するにはマニピュレータは6自由度を持つことが必要となる。

しかし，実際にはマニピュレータの持つべき自由度はその作業内容によって決まる。例えば，パレタイジング用途では通常取り扱う対象物の傾きを変える必要はないので，4自由度の機構が用いられる。

一方，7自由度以上の自由度を持つマニピュレータは，エンドエフェクタの位置と姿勢を自由に制御するという観点からは，自由度が多すぎる。このようなマニピュレータは**冗長マニピュレータ**（redundant manipulator）と呼ばれる。冗長マニピュレータでは，エンドエフェクタを希望位置と姿勢に保ったまま，例えば肘関節の位置を変えることができる。障害物を避けて作業を行ったり，特異姿勢（例えばつぎに述べるように関節の回転軸が一致して自由度が減ってしまう姿勢）を避けるために用いられることがある。

5.1.3 自由度の縮退，特異姿勢

通常，ロボットアームは，関節の自由度数の合計と等しい自由度を持って動作している。例えば，六つの1自由度関節を持ったロボットアームの先端は6自由度の位置決めができる。しかし，複数の関節がアーム先端に対して同じ動きの効果を与えるような位置関係になってしまうと，ロボットアームの自由度は減少する。これを**自由度の縮退**（degeneracy of degrees of freedom）と呼び，このときのロボットアームの姿勢を**特異姿勢**（singular configuration），または**特異点**（singular point）と呼ぶ。

図5.2に多関節ロボットの特異姿勢の例を二つ示す。なお，一般にロボットアームの関節動作は，図（c）に示すような記号で描かれることが多く，ここ

(a.1)　　　　　　(a.2)

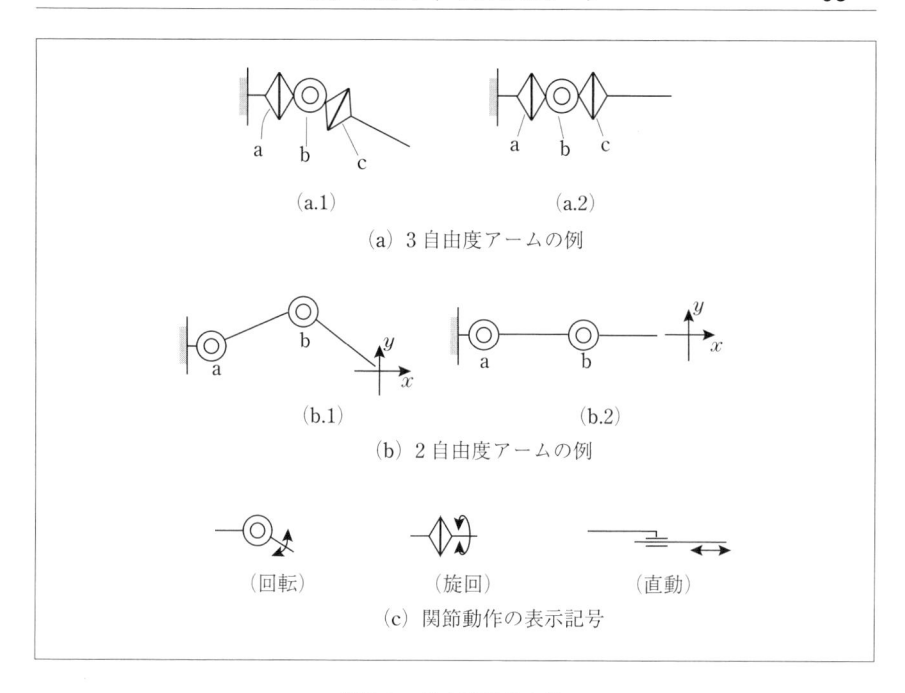

(a) 3自由度アームの例

(b.1)　　　　　　(b.2)

(b) 2自由度アームの例

（回転）　　（旋回）　　（直動）

(c) 関節動作の表示記号

図5.2　自由度縮退の例

でもその記号を用いて表記している。

図 (a.1)，(a.2) は，三つの関節 a，b，c から構成されるロボットアームを示している．図 (a.1) のような状態では，アームの先端は3自由度の動きを実現できるが，図 (a.2) のような姿勢になると，関節 a と c はアーム先端に対して同一の効果しか持たない．この状態が特異姿勢であり，このとき，アーム先端の自由度は2となっている．

図 (b.1)，(b.2) に別の例を示す．図 (b.1) の状態では，先端は x，y の方向に動かすことができるが，図 (b.2) のようにアームが直線状になってしまうと，x 方向に動かすことができなくなる．ここで興味深いのは，アーム先端は $+x$ 方向だけではなく $-x$ 方向にも動けないことである．これは，図 (b.2) の状態では，関節 a，b の回転は，先端に $\pm y$ 方向の速度成分しか発生し得ないことからも直感的に理解できる．

以上に示した二つの自由度縮退例は，いずれも直感的にわかりやすいが，一見わかりにくい自由度縮退の例もある．特異点では，自由度の縮退に伴って，理論的には関節に無限大のトルクや無限大の速度が要求されることになる．したがって，実用上，これらの特異姿勢を避けてロボットを駆動することが必要である．自由度の縮退と特異姿勢については6章でさらに詳しく説明する．

5.1.4 機構干渉

多関節ロボットの設計では，アームの重量を抑えるためにできるだけモータや減速機をアームの根元側に置いて，ギヤ，チェーン，トルクチューブ等を介してアームの先端側関節を駆動する場合が多い．そのような場合，各モータと各関節の動きは1対1に対応しなくなる．これを機構干渉と呼ぶ．機構干渉のあるロボット機構では，一つの関節を動かすのに複数のモータを協調して動かす必要がある．また，アームに加わる負荷がどのように各モータに分散されるのかといった問題も重要になる．

具体例でみてみよう．図5.3は，複数の傘歯車とトルクチューブを組み合わせて動作する4自由度のロボットアームである．トルクチューブとは，トルクを伝達するパイプ状のシャフトで，径の異なるトルクチューブを同心円状に組み合わせることによって多自由度の回転運動を伝達する．図5.3のロボットアームでは，アームの根元に4個のモータを設置し，その動きを多層の傘歯車とトルクチューブで各関節に伝達している．

例として，モータM4の回転の伝わり方をみてみよう．モータM4の回転はチェーンC4を通じて，トルクチューブT1→傘歯車B1→傘歯車B2→傘歯車B3→トルクチューブT2→傘歯車B4→傘歯車B5→傘歯車B6→トルクチューブT3→傘歯車B7→傘歯車B8と伝達される．傘歯車B8はアーム3に固定されており，これによりアーム3が駆動される．

いま，モータM1により，関節1を回転させたとしよう．このとき，もし，モータM4を動かさないと，傘歯車B1が動かないので，関節1の回転に伴って傘歯車B2が回転してしまうことがわかるであろう．

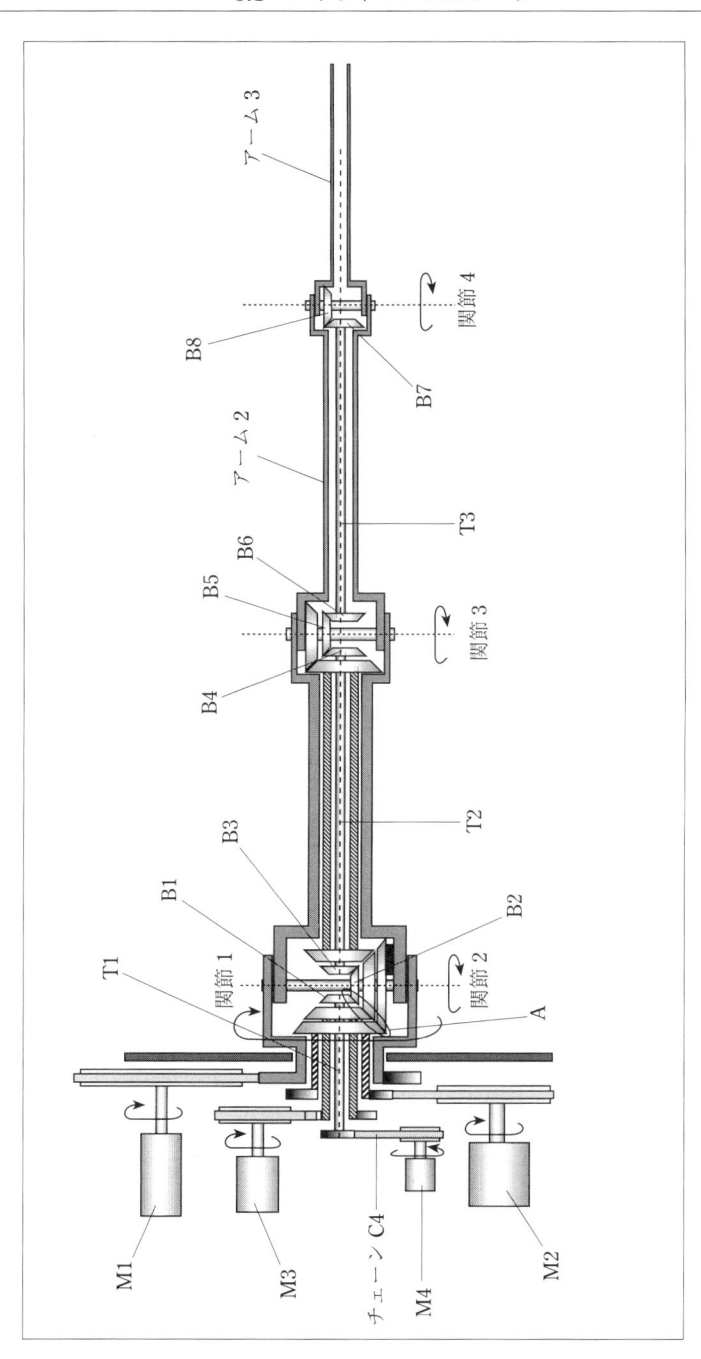

図 5.3 機構干渉のあるロボットアームの例

傘歯車B2が回転するとこれによってアーム3も動作してしまう．すなわち，モータM1のみを駆動して関節1を回転させると，他の関節も動いてしまう．関節2，3，4の姿勢を保ったまま関節1を回転させるには，複数のモータを適正な量だけ同時に動かすことが必要となる．

このような機構干渉は，各モータの動き（上の例では回転角）からなるベクトル $\Theta_m = (\theta_{m1}, \theta_{m2}, \theta_{m3}, \theta_{m4})^t$ と，各関節の動き（上の例では回転角）からなるベクトル $\Theta_a = (\theta_{a1}, \theta_{a2}, \theta_{a3}, \theta_{a4})^t$ を用いて次式のように記述できる．

$$\Theta_m = T\Theta_a \tag{5.1}$$

Tはつぎのように考えて導くことができる．関節1のみが θ_{a1} 回転するには，図のA部に着目して考えると，θ_{m1}，θ_{m2}，θ_{m3}，θ_{m4} がすべて同じ向きに同じ量だけ回転しなければならないことがわかる．したがって，行列 T の第1列はすべて1となる．ただし，たがいにかみあう傘歯車の歯数は同じとし，チェーンによる減速比も1とする．同様に，関節2のみを回転させるには，θ_{m2}，θ_{m3}，θ_{m4} がすべて同じ向きに同じ量だけ回転しなければならないことがわかる．したがって，行列 T の第2列は上から順に0 1 1 1 となる．関節3，4の駆動についても同様に考えるとつぎのように行列 T が求められる．

$$T = \begin{bmatrix} 1 & 0 & 0 & 0 \\ 1 & 1 & 0 & 0 \\ 1 & 1 & 1 & 0 \\ 1 & 1 & 1 & 1 \end{bmatrix} \tag{5.2}$$

つぎに，仮想仕事の原理を用いて，T からトルクの干渉を求めてみる．各関節にかかるトルクを t_{a1}, t_{a2}, $\cdots$, t_{a4}，各モータのトルクを t_{m1}, t_{m2}, $\cdots$, t_{m4} とおき，その関係を表す行列を S とおく．

$$t_m = St_a \tag{5.3}$$

ただし，$t_m = (t_{m1}, t_{m2}, t_{m3}, t_{m4})^t$, $t_a = (t_{a1}, t_{a2}, t_{a3}, t_{a4})^t$

仮想仕事の原理から

$$\Theta_m{}^t t_m = \Theta_a{}^t t_a \tag{5.4}$$

ここで，式 (5.1) から

$$\Theta_m{}^t = (T\Theta_a)^t$$
$$= \Theta_a{}^t T^t \tag{5.5}$$

式 (5.5) を式 (5.4) に代入して

$$\Theta_a{}^t T^t t_m = \Theta_a{}^t t_a$$
$$\therefore\ t_m = T^{-t} t_a \tag{5.6}$$

ここで，右肩の $-t$ は，逆行列の転置行列，すなわち，転置行列の逆行列を示す．

この例では，トルクに関する機構干渉は次式となる．

$$t_m = T^{-t} t_a = \begin{bmatrix} 1 & -1 & 0 & 0 \\ 0 & 1 & -1 & 0 \\ 0 & 0 & 1 & -1 \\ 0 & 0 & 0 & 1 \end{bmatrix} t_a \tag{5.7}$$

この式より，アームにかかる外力が各モータにどのように分散されるかが計算できる．

例題 5.1 差動傘歯車による2自由度関節機構

図 **5.4** に示す関節機構では，モータ1, 2の回転 θ_{m1}, θ_{m2} により，タイミングベルトと傘歯車を通して，先端側アームBは根元側のアームAに対して，屈曲 θ_{a1}，および軸周りの回転 θ_{a2} の2自由度の動きを行う．θ_{m1}, θ_{m2}, θ_{a1}, θ_{a2} の関

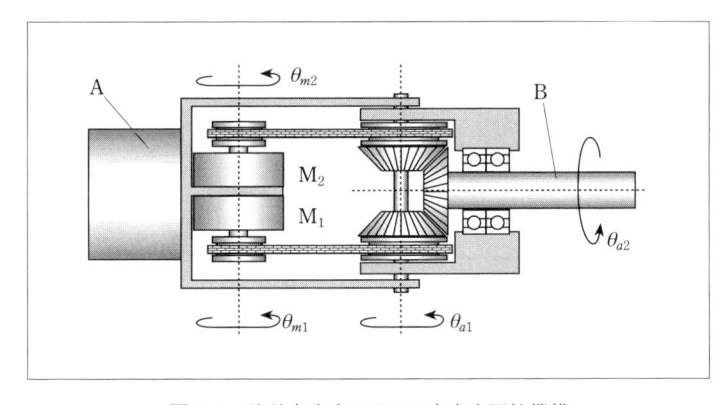

図 **5.4** 差動傘歯車による2自由度関節機構

係を求めよ．傘歯車の歯数比は1：1，プーリの比は2：3とする．

［解答］ タイミングベルトとは，歯つきのベルトで，ベルトとプーリ間の滑りがない．プーリとはベルトがかかる回転車のことで，タイミングベルト用のプーリには歯が形成されている．

つぎのように考えると機構干渉が求められる．アームBをθ_{a1}屈曲させるには，モータM_1，M_2をそれぞれ，正の方向に$1.5 \times \theta_{a1}$だけ回転させねばならない．また，アームBをθ_{a2}回転させるにはプーリと一体になった二つの傘歯車をそれぞれ逆方向にθ_{a2}回転させる必要がある．モータM_1，M_2をそれぞれ，$1.5 \times \theta_{a2}$および$-1.5 \times \theta_{a2}$回転させる必要がある．

これをまとめると次式が得られる．

$$\begin{bmatrix} \theta_{m1} \\ \theta_{m2} \end{bmatrix} = \begin{bmatrix} 1.5 & 1.5 \\ 1.5 & -1.5 \end{bmatrix} \begin{bmatrix} \theta_{a1} \\ \theta_{a2} \end{bmatrix}$$

◇

5.2 移動ロボット

5.2.1 移動ロボットの種類と代表例

移動ロボット（locomotive robotまたはmobile robot）で用いられている機構の例を，図5.5のようにおおまかに分類して示す．

クローラ（crawler）や**キャタピラ**（caterpillar）を用いた移動は地面の凹凸に対応しながら大きなグリップ力が得られるので，不整地やぬかるみに対して有効な移動機構である．

車輪移動は平坦な面の移動では最も効率的な機構である．走行面の凸凹に対応するには，車輪のサポート機構の工夫が必要である．

脚移動ロボット（または**歩行ロボット**（legged robot））に関しては古くから多くの研究が進められてきた．現在のところ，実用化例は多くはないが，階段や段差など人間が生活するのと同じような環境で適応性のある移動が期待される．

このほか，へび形ロボット，インチワーム方式など使用環境に応じた特殊な移動機構が数多く開発されている．また，水中の移動，空中の移動，はしごを

5.2 移動ロボット

原子力防災支援ロボット
〔(財) 製造科学技術センター〕
クローラ移動ロボット

工場内での移動ロボット
〔(株)デンソーウェーブ〕

惑星探査ロボット〔東京工業大学 広瀬茂男教授〕

全方向移動〔岡山大学 田中豊教授・永谷圭司講師〕

パイプ内点検マイクロロボット
〔筆者, (株)東芝〕

車輪移動ロボット

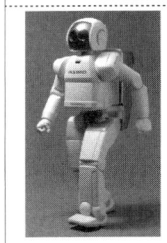

ASIMO
〔本田技研工業（株）〕

TITAN
〔東京工業大学　広瀬茂男教授〕

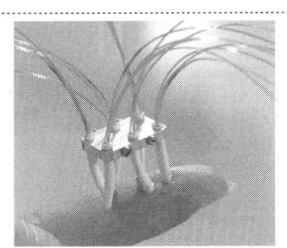

6足マイクロロボット
〔筆者, (株)東芝〕

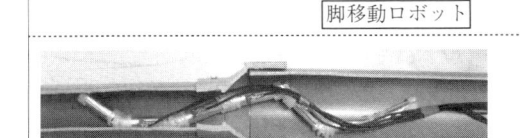

脚移動ロボット

へび形
〔筆者〕

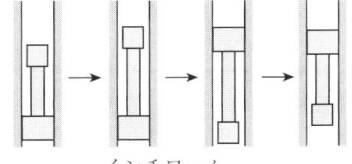

インチワーム

特殊移動

図5.5　各種移動形式の例

昇るロボット機構，架線を移動して検査を行う移動機構も研究されている。以下，特徴のある移動ロボットの機構についていくつか述べる。

5.2.2 車輪による全方向移動

任意の方向に移動できる移動方式は，**全方向移動**（omni-directional locomotion）と呼ばれ，工夫の凝らした車輪機構が開発されている。

オムニホイール（omni-wheel）は，図5.6に示すように，車輪の外周接線方向の軸回りに回転可能なローラを有する車輪である。この車輪は車軸の軸方向のグリップ力がなく，車軸方向に力が加わると容易に横方向に移動する。したがって，例えば車軸が直交する二つの車輪を用いれば，任意方向に移動可能な移動機構が実現できる。図5.7はアクティブマウスと呼ぶ，モータを搭載して

図5.6　オムニホイール[22]

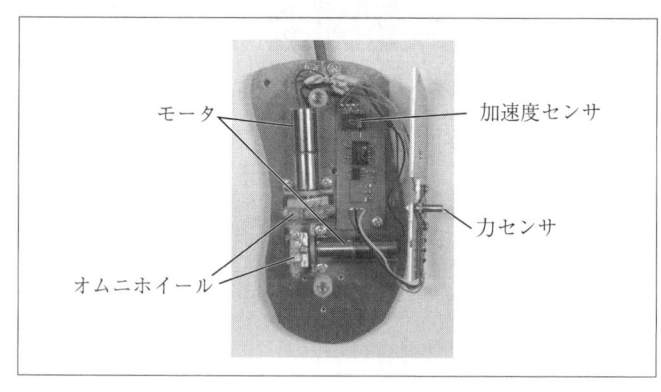

図5.7　オムニホイールを用いた自走型マウスの例[22]

自走するコンピュータ用マウスの内部構造である。二つのモータとオムニホイールによって任意方向へ移動することができる。このマウスを用いることにより，コンピュータ内にある仮想物体の力や動きを直接感じることができる。

メカナムホイールは，**図5.8**の左側に示すように，車輪外周に斜めに配置されたローラを有する車輪である。四つのメカナムホイールを図5.8の右側のように配置した4輪移動機構を考えてみる。四つの車輪を同方向に回転させると，ロボットは前後に移動するが，例えば図に示す矢印 ω_1, ω_2, ω_3, ω_4 の方向に各車輪を駆動すると，各ローラは地面から力 F_1, F_2, F_3, F_4 を受け，ロボットは右方向に移動する。

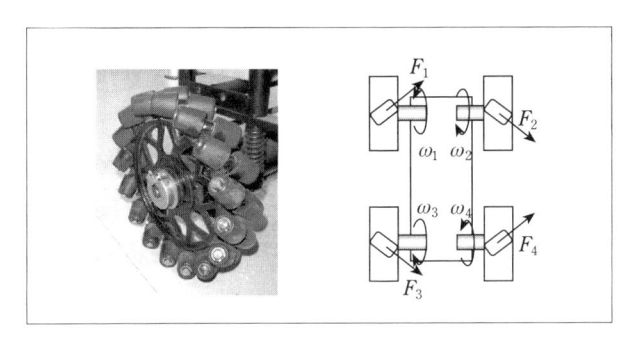

図 **5.8** メカナムホイールとその使用例

5.2.3 脚移動，歩行

脚移動については古くから多くの研究がなされている。ここではその基礎的な事項をまとめておく。

まず，一つの脚の先端が描く軌跡を考える。ロボットを固定して脚の動きを描くと一般に図5.9のようになる。歩行は，このような脚の一連の動きの繰り返しで実現される。この1サイクルを歩行周期と呼ぶ。**図5.9**の歩行周期において，図 (b) から図 (e) の過程は，脚の先端が地面に接し，蹴り動作を行っている過程で，この過程を**接地相**または**立脚相** (supporting phase) と呼ぶ。一方，図 (f) から図 (i) および図 (a) は，脚を持ち上げ前方に振り出す過程を示しており，この過程は**遊脚相** (swinging phase) と呼ばれる。1歩

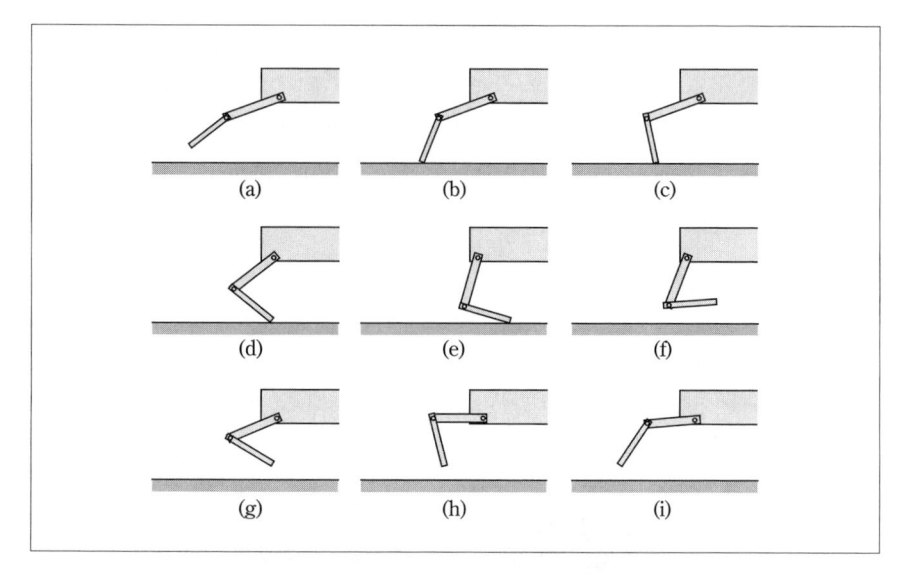

図 5.9 脚動作の一例

行周期に対する立脚相が表れる時間の割合を**デューティ**（duty）と呼ぶ。

歩行は，大きく，**静歩行**（static walking）と**動歩行**（dynamic walking）に分けられる。歩行中のどの瞬間をとってもロボットが静力学的に安定している歩行を静歩行と呼ぶ。静力学的に安定とは，ロボットの重心を路面に投影した点が接地脚の接地点を結んでできる多角形の内部に存在する状態である。これに対して，どの瞬間をとってもつねに静力学的には不安定な状態のまま歩行が行われている歩行を動歩行と呼ぶ。また，一歩行周期中に，静力学的に安定な状態と不安定な状態の両方が現れる歩行は，**準動歩行**（quasi-dynamic walking）と呼ばれる。

四脚歩行ロボットの静歩行の一例を**図 5.10**に示す。4本の脚 a，b，c，d にそれぞれ図 5.9 に示したような脚サイクルを行わせる。ただし，各脚は a，b，c，d の順に 1/4 位相差を与える。各脚のデューティを 1/4 とする。すなわち，接地相の速度を遊脚相の 3 倍の速度で動かす。すると，つねに 4 本の脚のうち 3 本が接地し，1 脚が遊脚相にあることになる。かつ，⊗印で示すロボットの重心が，接地している 3 脚が作る三角形の内部に存在し，静歩行が実現され

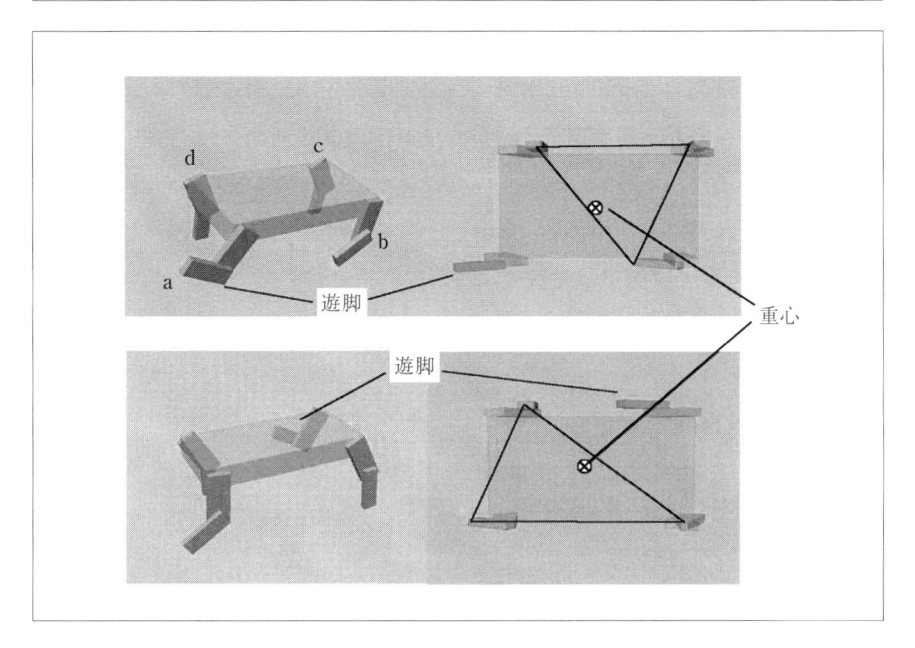

図 5.10 四脚による静歩行の例

る。

6脚歩行ロボットでは，容易に静歩行が実現できる．**図 5.11** はその代表的な例で，6本の脚を図に示すようにAとBの2グループに分け，二つのグループ間に1/2の位相差を与えて駆動する．するとAグループまたはBグループのど

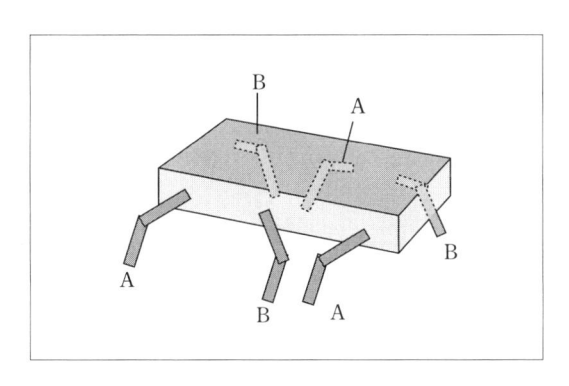

図 5.11 交互三脚歩容

ちらかの3脚が接地相に，他方の3脚が遊脚相にあり，かつ接地した3脚の作る三角形の内部にロボット重心が存在することになり，静歩行が実現される。この歩行方法を**交互三脚歩容**（alternating tripod algorism）と呼ぶ。

歩行中の脚を動かす順序やタイミングによっていろいろな歩行のパターンが表れる。歩行のパターンを**歩容**（gait）と呼ぶ。四脚と六脚歩行の代表的な歩容を**図5.12**に示す。図で示す数値は各脚の位相を表している。同じ数字がつけられた脚は同じ動きを行う。例えば0.5と書かれた脚は，0の脚に対して1/2位相の異なった動きをする。図に示すアンブル歩容においてデューティを3/4以上にとると，上述の静歩行になる。

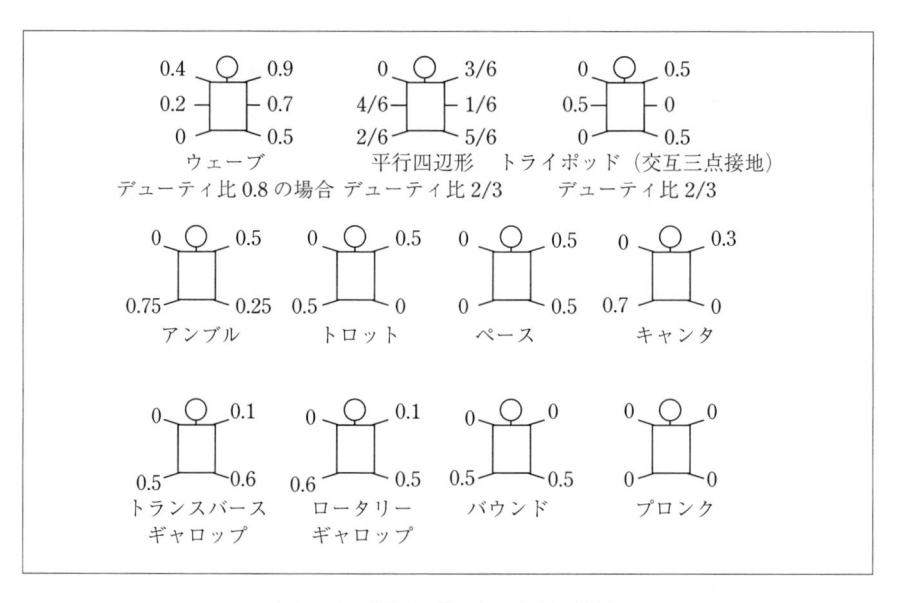

図5.12 多脚ロボットの歩容の例[23]

演 習 問 題

[1] 図5.13に示す水平多関節ロボットの順運動学および逆運動学を解け。すなわち，アーム先端Eの位置 (x, y, z) を関節角 θ_1, θ_2, ξ の関数として表し，

演 習 問 題　　　　　　　　　　　　　105

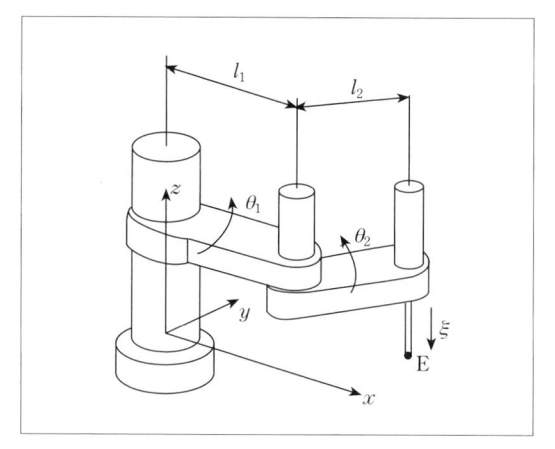

図5.13　水平多関節ロボット

　また，逆に θ_1, θ_2, ξ を x, y, z の関数として表せ．ただし，θ_1, θ_2, ξ は図の矢印方向を正とし，$x = l_1 + l_2$, $y = 0$, $z = z_0$ となる位置を $\theta_1 = \theta_2 = \xi = 0$ とする．

[2] 図5.14に示す極座標形ロボットアーム先端Eの位置 (x, y, z) を関節 θ_1, θ_2, r の関数として表せ．また，逆に θ_1, θ_2, r を x, y, z の関数として表せ．ただし，θ_1, θ_2, r は図の矢印方向を正とし，$x = r_0$, $y = 0$, $z = z_0$ かつ，アームが x-y 平面に対して平行になる位置を $\theta_1 = \theta_2 = 0$, $r = r_0$ とする．

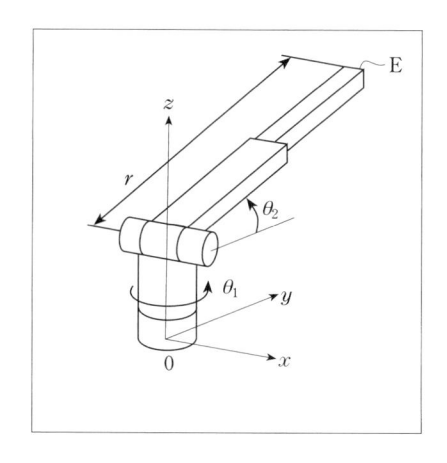

図5.14　極座標形ロボット

[3] 図 **5.15** に示す手首機構において，トルクチューブの回転角 θ_{m1}, θ_{m2}, θ_{m3} を各関節の回転角 θ_{a1}, θ_{a2}, θ_{a3} を用いて表せ．また，これを用いて，トルクチューブのモーメント t_{t1}, t_{t2}, t_{t7} と各関節のモーメント t_{a1}, t_{a2}, t_{a3} の関係を導け．

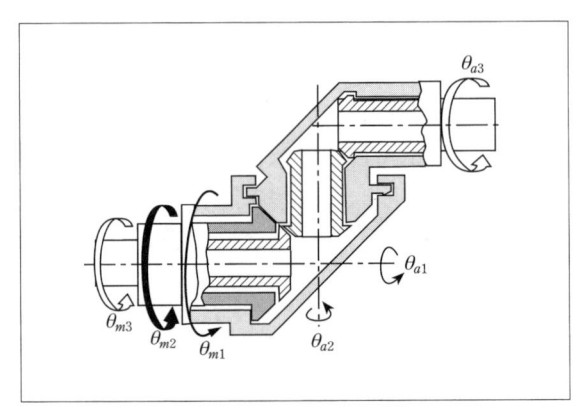

図 **5.15** 機構干渉のある手首機構[24]

[4] 図 **5.16** は **FMA**（フレキシブルマイクロアクチュエータ）と呼ぶ空気圧で動作する機構である．内部に三つの部屋を持った円筒状のゴムでできており，三つの部屋の内圧をチューブを通して制御することにより変形して動作する．

1) どのような動きをするか
2) 自由度はいくつか
3) 通常の金属製の機構と比べて何が有利か

をそれぞれ考察せよ．ただし，このゴムの外周面には内部に繊維が周方向に埋め込まれており，長手方向には変形しやすく，径方向には膨らみにくいといっ

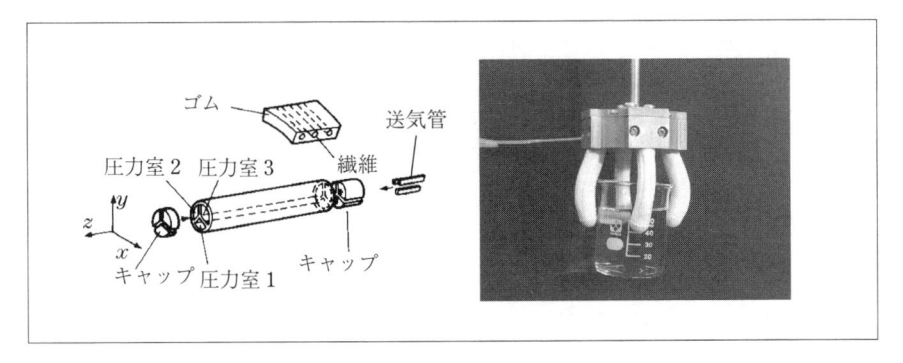

図 **5.16** FMA の構造とロボットハンドへの応用例[21]

演 習 問 題　　　　　　　　　107

た弾性異方性を持っている。

[5] 図5.17は胃や腸に挿入して内部を検査する内視鏡の先端部である。医師が手元の操作ハンドルを回すことにより，先端が任意方向に曲がる。どのような機構で駆動されているかを考えてみよ。

図5.17　内視鏡の先端首振機構

[6] 人間の腕の自由度はいくつか。肩，肘，手首のそれぞれに分けて考えてみよ。また，自分の肩および手のひらの位置と向きを固定したまま，肘の位置が移動できることを確認し，人間の腕が冗長自由度を持つことを確認せよ。

[7] 人間の2足歩行について考えてみる。デューティおよび2脚間の位相差はいくつになるか。
　　1）静かに普通に歩く場合
　　2）片足を怪我してかばいながら歩く場合
　　3）スキップをする場合
　　4）走る場合
のそれぞれ場合について，実際に自分で動いて考えてみよ。

[8] 本文で述べた以外にも，さまざまな移動方法のロボットが開発されている。どのようなものがあるか調査してまとめよ。例えば，日本ロボット学会誌（発表された論文のアブストラクトは同学会のホームページ（http://www.rsj.or.jp/news.htm）から閲覧できる）やインターネットでの検索などが利用できる。

6

ロボットの運動解析

ロボットアームや脚の先端を，望んだ位置に，望んだ姿勢で制御するには，各関節をどのように動かしたらよいか。本章では，ロボットを例にとり，多自由度の立体リンク機構の解析手法について述べる。

6.1　位置・姿勢の表現と座標変換

まず初めに，空間座標系に関する数学的な取り扱い方法について述べる。

6.1.1　位置と姿勢の表現

図6.1に示すような，$n+1$個のリンクがn個の1自由度関節によって直列に連結されたロボットアームについて考えよう。

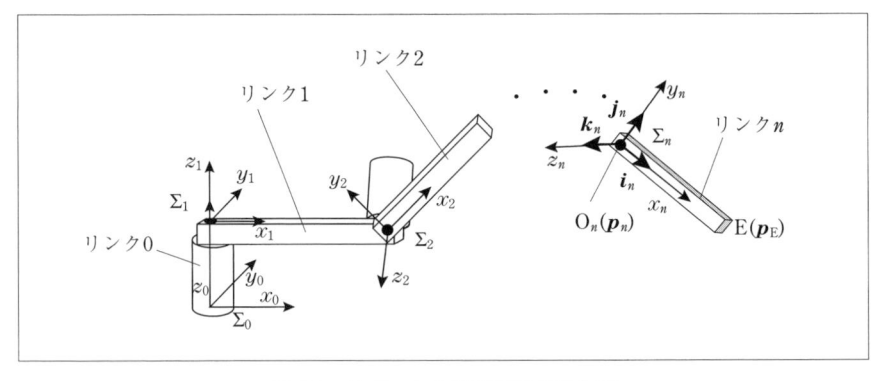

図6.1　ロボットの運動解析の考え方

6.1 位置・姿勢の表現と座標変換

アーム先端のリンク n は，実際には，工具やハンド等のエンドエフェクタとなる．ロボットアームの主たる目的は，エンドエフェクタ，つまり最先端リンク n を望みの位置と姿勢に制御することである．リンク n の位置と姿勢が与えられたとき，各関節はどのように動かしたらよいか．すなわち，ロボット先端リンクの位置と姿勢から各関節の動きを求めること，これを**逆運動学**（inverse kinematics）という．逆に，各関節の動きからロボット先端リンクの位置と姿勢を求めることを**順運動学**（forward kinematics）と呼ぶ（**図 6.2** 参照）．

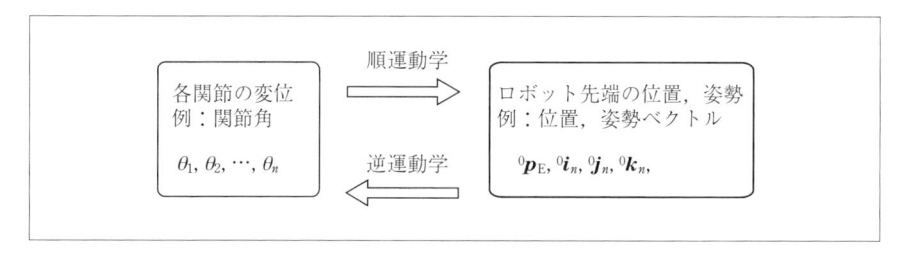

```
各関節の変位        順運動学        ロボット先端の位置，姿勢
例：関節角          ⟹              例：位置，姿勢ベクトル
θ₁, θ₂, ⋯, θₙ       逆運動学        ⁰pE, ⁰iₙ, ⁰jₙ, ⁰kₙ,
                    ⟸
```

図 6.2 ロボットの順運動学と逆運動学

図 6.1 に記した座標系について説明しよう．本章で扱う座標系はすべて右手系の直交座標系とする．ロボットの根元に全体座標系 Σ_0 を，先端リンク n に座標系 Σ_n をとる．座標系 Σ_n はリンク n に固定されており，リンク n と一緒に動く．座標系 Σ_n は，ツール座標系またはハンド座標系とも呼ばれる．

ロボット先端の位置と姿勢は，先端の位置ベクトル $\boldsymbol{p}_E$ と座標系 Σ_n の各軸の単位ベクトル（基底ベクトル）$\boldsymbol{i}_n, \boldsymbol{j}_n, \boldsymbol{k}_n$ によって表すことができる．

ロボット機構の順運動学とは，四つのベクトル $^0\boldsymbol{p}_E, {}^0\boldsymbol{i}_n, {}^0\boldsymbol{j}_n, {}^0\boldsymbol{k}_n$ を各関節の動作パラメータ（例えば全部が回転関節で構成されていたとすると，$\theta_1, \theta_2, \cdots, \theta_n$）の関数として表記することである．ここで左肩の 0 は座標系 Σ_0 での表示であることを意味する．ベクトル $^0\boldsymbol{p}_E, {}^0\boldsymbol{i}_n, {}^0\boldsymbol{j}_n, {}^0\boldsymbol{k}_n$ が各関節の動作パラメータの関数として得られれば，これを各動作パラメータについて解くことが逆運動学といえる．

また，図 6.1 では，第 n リンク以外にも，各リンクに一つずつ座標系を固定

している。座標系Σ_iはリンクiと一体になって動作する。各座標系の原点の位置ベクトルを$\boldsymbol{p}_i$とする。これらは$^0\boldsymbol{p}_E$, $^0\boldsymbol{i}_n$, $^0\boldsymbol{j}_n$, $^0\boldsymbol{k}_n$を求める計算途中で用いられる。

|例題| **6.1 スカラ形ロボットアームの先端の位置と向き**

図6.3に示すスカラ形ロボットアームは，θ_1, θ_2, θ_3, ξで表される四つの動作軸を持ち，先端の位置と向きの4自由度が制御される。アーム先端に図のように座標系Σ_4をとるとき，座標系Σ_4の原点と向きを座標系Σ_0で表せ。ただし，θ_1, θ_2, ξは図の矢印方向を正とし，座標系Σ_0でみて先端の座標が$(l_1 + l_2,\ 0,\ l_0)$となる位置を$\theta_1 = \theta_2 = \xi = 0$とする。

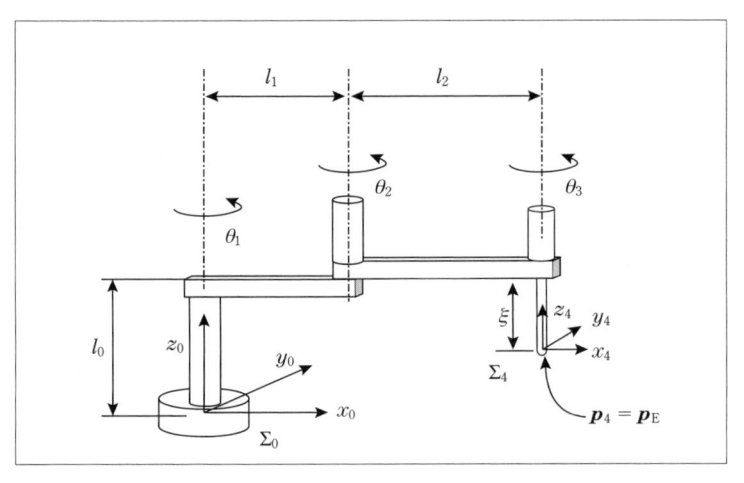

図**6.3** スカラ形ロボットアームの先端の位置と姿勢の表現

|解答| 図6.3から，アーム先端の位置ベクトル$^0\boldsymbol{p}_4$と，向きを表す基底ベクトル$^0\boldsymbol{i}_4$, $^0\boldsymbol{j}_4$, $^0\boldsymbol{k}_4$はつぎのように求められる。なお，この例では，$^0\boldsymbol{p}_4 = {}^0\boldsymbol{p}_E$である。

$$^0\boldsymbol{p}_4 = \begin{bmatrix} l_1 \cos\theta_1 + l_2 \cos(\theta_1 + \theta_2) \\ l_1 \sin\theta_1 + l_2 \sin(\theta_1 + \theta_2) \\ l_0 - \xi \end{bmatrix}$$

$$
{}^0\boldsymbol{i}_4 = \begin{bmatrix} \cos(\theta_1 + \theta_2 + \theta_3) \\ \sin(\theta_1 + \theta_2 + \theta_3) \\ 0 \end{bmatrix}
$$

$$
{}^0\boldsymbol{j}_4 = \begin{bmatrix} -\sin(\theta_1 + \theta_2 + \theta_3) \\ \cos(\theta_1 + \theta_2 + \theta_3) \\ 0 \end{bmatrix}
$$

$$
{}^0\boldsymbol{k}_4 = \begin{bmatrix} 0 \\ 0 \\ 1 \end{bmatrix} \tag{6.1}
$$

$\diamondsuit$

このように簡単な構造のロボットの場合は，順運動学を幾何学的に導くことができるが，一般には容易ではなく，これから学ぶ座標変換計算を行う必要がある．

6.1.2　二つの座標系の幾何学的関係

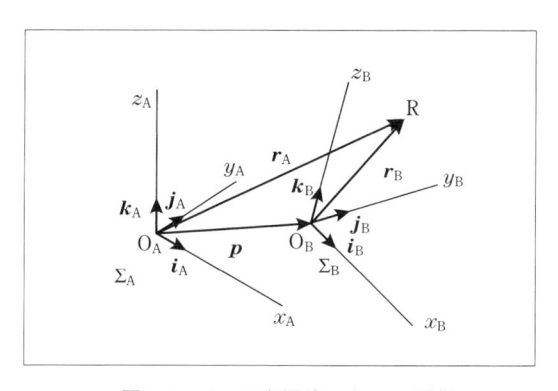

図 6.4 に示すように，二つの座標系 Σ_A と Σ_B を考える．二つの座標系の基底ベクトルをそれぞれ，$\boldsymbol{i}_A, \boldsymbol{j}_A, \boldsymbol{k}_A$ および $\boldsymbol{i}_B, \boldsymbol{j}_B, \boldsymbol{k}_B$ とする．座標系 Σ_A からみた Σ_B の原点の座標，つまり，座標系 Σ_A の原点から座標系 Σ_B の原点へ向かうベクトルを $\boldsymbol{p}$ とする．

座標系 Σ_A と Σ_B の原点からある点 R へ向かうベクトルをそれぞれベクトル $\boldsymbol{r}_A$，$\boldsymbol{r}_B$ で表すと図 6.4 から次式が導かれる．

図 6.4　二つの座標系 Σ_A と Σ_B の関係

$$r_A = r_B + p \tag{6.2}$$

このような問題では通常，r_Aとpは座標系Σ_Aのx_A，y_A，z_A軸方向の成分として，r_Bは座標系Σ_Bのx_B，y_B，z_B軸方向の成分として表現される。言い換えると，r_AとpはΣ_A座標系の基底ベクトルi_A, j_A, k_Aで表現されるのに対し，r_BはΣ_B座標系の基底ベクトルi_B, j_B, k_Bで表現される。成分計算を進めるには，基底ベクトルを統一しなくてはならない。

基底ベクトルを変えるには回転行列が用いられる。いま，座標系Σ_Bの基底ベクトルi_B, j_B, k_Bで表現されたベクトル$^B r_B$を座標系Σ_Aの基底ベクトルi_A, j_A, k_Aでの表現$^A r_B$に変換する回転行列を$^A R_B$とすると次式のように表せる。

$$^A r_B = {}^A R_B \, {}^B r_B \tag{6.3}$$

左肩につけたAは座標系Σ_Aでの表現，Bは座標系Σ_Bでの表現であることを意味する。

したがって，座標系Σ_Aに基づいて成分計算を進めるのであれば，式 (6.2) は次式のように書ける。

$$^A r_A = {}^A R_B \, {}^B r_B + {}^A p \tag{6.4}$$

6.1.3 回転行列

ここで，回転行列$^A R_B$について具体的にみてみよう。

まず簡単な例として，Σ_B座標系が，Σ_A座標系をz_A軸回りにθ回転してできた座標系である場合について回転行列$^A R_B(z)$を求めてみる。ここで，(z)はz軸回りの回転を意味する。

図6.5に基づいて，座標系Σ_Bの基底ベクトルi_B, j_B, k_Bを成分表示してみよう。

座標系Σ_Aで表現すれば

$$^A i_B = \begin{bmatrix} C_\theta \\ S_\theta \\ 0 \end{bmatrix}, \quad {}^A j_B = \begin{bmatrix} -S_\theta \\ C_\theta \\ 0 \end{bmatrix}, \quad {}^A k_B = \begin{bmatrix} 0 \\ 0 \\ 1 \end{bmatrix} \tag{6.5}$$

6.1 位置・姿勢の表現と座標変換

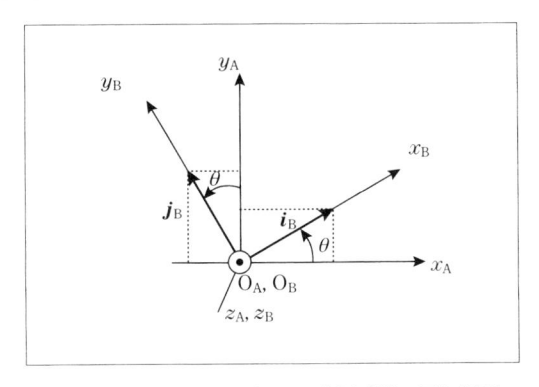

図6.5 z_A軸回りに回転した座標系間の回転行列

座標系Σ_Bで表現すれば

$$^B\boldsymbol{i}_B = \begin{bmatrix} 1 \\ 0 \\ 0 \end{bmatrix}, \quad ^B\boldsymbol{j}_B = \begin{bmatrix} 0 \\ 1 \\ 0 \end{bmatrix}, \quad ^B\boldsymbol{k}_B = \begin{bmatrix} 0 \\ 0 \\ 1 \end{bmatrix} \tag{6.6}$$

ここで，$C_\theta = \cos\theta$，$S_\theta = \sin\theta$ とする．このような表記法はロボットの機構解析で一般的に用いられる．

式（6.5）と式（6.6）を用いて$^A\boldsymbol{i}_B = {}^A\boldsymbol{R}_B(z){}^B\boldsymbol{i}_B$，$^A\boldsymbol{j}_B = {}^A\boldsymbol{R}_B(z){}^B\boldsymbol{j}_B$，$^A\boldsymbol{k}_B = {}^A\boldsymbol{R}_B(z){}^B\boldsymbol{k}_B$を成分で表示すると

$$\begin{bmatrix} C_\theta \\ S_\theta \\ 0 \end{bmatrix} = {}^A\boldsymbol{R}_B(z) \begin{bmatrix} 1 \\ 0 \\ 0 \end{bmatrix}$$

$$\begin{bmatrix} -S_\theta \\ C_\theta \\ 0 \end{bmatrix} = {}^A\boldsymbol{R}_B(z) \begin{bmatrix} 0 \\ 1 \\ 0 \end{bmatrix}$$

$$\begin{bmatrix} 0 \\ 0 \\ 1 \end{bmatrix} = {}^A\boldsymbol{R}_B(z) \begin{bmatrix} 0 \\ 0 \\ 1 \end{bmatrix}$$

したがって$^A\boldsymbol{R}_B(z)$はつぎのように求められる．

$$^A\boldsymbol{R}_{\mathrm{B}}(z) = \begin{bmatrix} C_\theta & -S_\theta & 0 \\ S_\theta & C_\theta & 0 \\ 0 & 0 & 1 \end{bmatrix} \tag{6.7}$$

同様に考えて，Σ_B 座標系が，Σ_A 座標系をそれぞれ x_A 軸回りおよび y_A 軸回りに θ 回転してできた座標系であるとすれば，回転行列はそれぞれつぎのようになる。

$$^A\boldsymbol{R}_{\mathrm{B}}(x) = \begin{bmatrix} 1 & 0 & 0 \\ 0 & C_\theta & -S_\theta \\ 0 & S_\theta & C_\theta \end{bmatrix} \tag{6.8}$$

$$^A\boldsymbol{R}_{\mathrm{B}}(y) = \begin{bmatrix} C_\theta & 0 & S_\theta \\ 0 & 1 & 0 \\ -S_\theta & 0 & C_\theta \end{bmatrix} \tag{6.9}$$

図 6.5 に基づいた上記の計算からわかるように，回転行列 $^A\boldsymbol{R}_\mathrm{B}$ の第 1 列，第 2 列，第 3 列は座標系 Σ_B の基底ベクトル $\boldsymbol{i}_\mathrm{B}$，$\boldsymbol{j}_\mathrm{B}$，$\boldsymbol{k}_\mathrm{B}$ をそれぞれ x_A，y_A，z_A 軸に投影したもの，つまり，座標系 Σ_A からみた座標系 Σ_B の基底ベクトル $^A\boldsymbol{i}_\mathrm{B}$，$^A\boldsymbol{j}_\mathrm{B}$，$^A\boldsymbol{k}_\mathrm{B}$ である。

したがって，一般に回転行列 $^A\boldsymbol{R}_\mathrm{B}$ はつぎのように書ける。

$$^A\boldsymbol{R}_\mathrm{B} = \begin{bmatrix} ^A\boldsymbol{i}_\mathrm{B} & ^A\boldsymbol{j}_\mathrm{B} & ^A\boldsymbol{k}_\mathrm{B} \end{bmatrix} \tag{6.10}$$

|例題| **6.2 座標変換**

図 6.6 に示すように二つの座標系 Σ_A（$\mathrm{O}_\mathrm{A} : x_\mathrm{A}\text{-}y_\mathrm{A}\text{-}z_\mathrm{A}$）と Σ_B（$\mathrm{O}_\mathrm{B} : x_\mathrm{B}\text{-}y_\mathrm{B}\text{-}z_\mathrm{B}$）をとる。まず，点 R の位置ベクトルを Σ_B 座標系で表し，式（6.4）を用いて Σ_A 座標系での表示に変換せよ。その結果が図 6.6 から直接求めた結果と一致することを確かめよ。

6.1 位置・姿勢の表現と座標変換

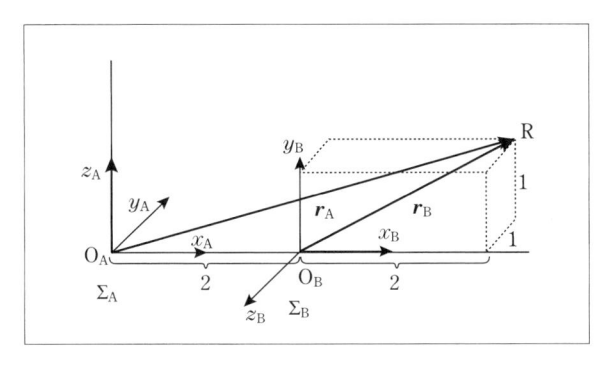

図6.6 簡単な座標変換の例

解答 図において，ベクトル r_B を Σ_B 座標系で表すと

$$^B r_B = \begin{bmatrix} 2 \\ 1 \\ -1 \end{bmatrix}$$

Σ_B 座標系は，Σ_A 座標系を x_A 軸方向に2移動させ，x_A 軸回りに $\pi/2$〔rad〕回転させてできた座標系であるから，回転変換行列は式 (6.8) において $\theta = \pi/2$〔rad〕とおいて

$$^A R_B = \begin{bmatrix} 1 & 0 & 0 \\ 0 & 0 & -1 \\ 0 & 1 & 0 \end{bmatrix}$$

また

$$^A p = \begin{bmatrix} 2 \\ 0 \\ 0 \end{bmatrix}$$

以上を式 (6.4) に代入すると

$$^A r_A = \begin{bmatrix} 1 & 0 & 0 \\ 0 & 0 & -1 \\ 0 & 1 & 0 \end{bmatrix} \begin{bmatrix} 2 \\ 1 \\ -1 \end{bmatrix} + \begin{bmatrix} 2 \\ 0 \\ 0 \end{bmatrix} = \begin{bmatrix} 4 \\ 1 \\ 1 \end{bmatrix}$$

これは図6.6で直接求めた結果と一致する。　◇

6.1.4 同次変換行列

式 (6.4) は座標変換の基本となる関係式であるので再記しよう.

$$^A\bm{r}_A = {}^A\bm{R}_B\,{}^B\bm{r}_B + {}^A\bm{p}$$

ロボットの運動解析では，式 (6.4) を，つぎのような形に書き換えて用いることが多い.

$$\begin{bmatrix} {}^A\bm{r}_A \\ 1 \end{bmatrix} = {}^A\bm{T}_B \begin{bmatrix} {}^B\bm{r}_B \\ 1 \end{bmatrix} \tag{6.11}$$

ただし

$$^A\bm{T}_B = \begin{bmatrix} {}^A\bm{R}_B & {}^A\bm{p} \\ 0 \quad 0 \quad 0 & 1 \end{bmatrix} \tag{6.12}$$

$^A\bm{T}_B$ は 4×4 なる大きさを持った行列で，**同次変換行列** (homogeneous transformation matrix) と呼ばれる. $(^A\bm{r}_A \ \ 1)^t$ および $(^B\bm{r}_B \ \ 1)^t$ は 4 次元の縦ベクトルである (右肩につけた t は転置の意味である. 本書で扱うベクトルはすべて縦ベクトルであるが，紙面の節約のため，縦ベクトルを t を用いてこのように書くことにする). 式 (6.11) と式 (6.12) を展開すれば，式 (6.4) となるのが容易にわかるであろう. 式 (6.11) のベクトルの第 4 成分と $^A\bm{T}_B$ の第 4 行は，式 (6.4) を式 (6.11) の形に書き換えるために形式的に導入した成分である.

式 (6.11) が意味するように，同次変換行列 $^A\bm{T}_B$ は，座標系 Σ_B で表した任意の点の座標を，座標系 Σ_A で表現した座標に変換する行列であり，その第 1 列，第 2 列，第 3 列はそれぞれ，座標系 Σ_A からみた座標系 Σ_B の基底ベクトル $^A\bm{i}_B$ $^A\bm{j}_B$ $^A\bm{k}_B$ を，第 4 列は，座標系 Σ_A からみた座標系 Σ_B の原点 O_B を表す (**図 6.7** 参照).

いま，図 6.1 に示したロボットアームについて考えよう. 各リンク 1, 2, $\cdots$, n にはそれぞれ座標系 Σ_1, Σ_2, $\cdots$, Σ_n が固定されている. 順に座標変換を行うことで，$^0\bm{T}_n$ はつぎのように求められる.

$$^0\bm{T}_n = {}^0\bm{T}_1\,{}^1\bm{T}_2 \cdots {}^{i-1}\bm{T}_i \cdots {}^{n-1}\bm{T}_n \tag{6.13}$$

6.1 位置・姿勢の表現と座標変換

```
                 座標系 Σ_A からみた座標系 Σ_B の
                 y 軸方向の基底ベクトル ^A j_B        座標系 Σ_A からみた座標系 Σ_B の
                                                     z 軸方向の基底ベクトル ^A k_B
 座標系 Σ_A からみた座標系 Σ_B の
 x 軸方向の基底ベクトル ^A i_B
                                                    座標系 Σ_A からみた座標系 Σ_B の
                                                    原点の位置ベクトル ^A p
```

$$
{}^A T_B = \begin{bmatrix} i_x & j_x & k_x & p_x \\ i_y & j_y & k_y & p_y \\ i_z & j_z & k_z & p_z \\ 0 & 0 & 0 & 1 \end{bmatrix}
$$

（つねに0001）

Aが0，Bがnのとき，${}^0 T_n$ は全体座標系 Σ_0 からみた座標系 Σ_n の位置や姿勢を意味する

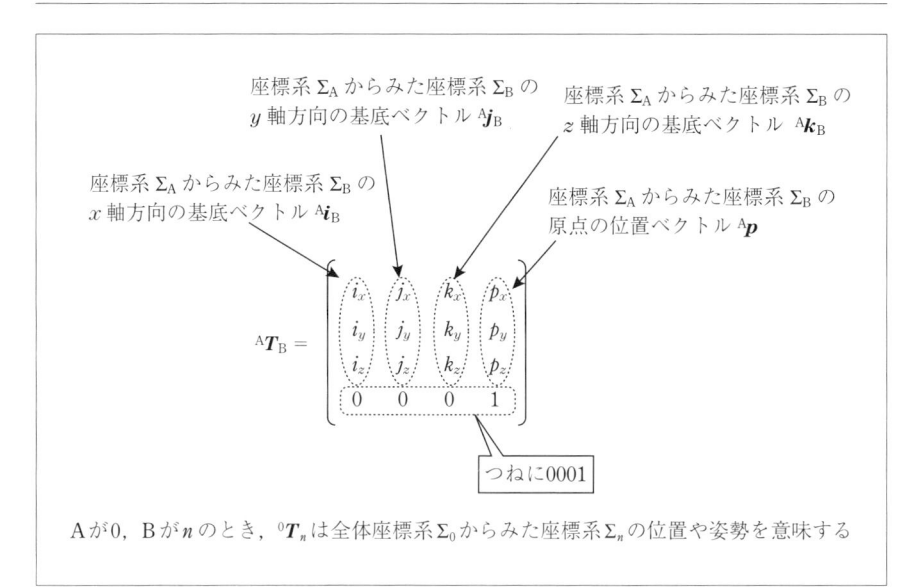

図 6.7 同次変換行列 ${}^A T_B$ の各成分の意味

このように，同次変換行列を用いることにより，一連の座標変換計算が行列の掛け算で実現でき，簡潔な式表記が行えるとともに，プログラミングも容易となる。このとき

$$
{}^0 T_n = \begin{bmatrix} {}^0 R_n & {}^0 p_n \\ 0 \quad 0 \quad 0 & 1 \end{bmatrix} \tag{6.14}
$$

と書け，第1列，第2列，第3列が全体座標系 Σ_0 からみたロボット先端の姿勢（${}^0 i_n$, ${}^0 j_n$, ${}^0 k_n$）を，第4列が全体座標系 Σ_0 からみたロボット先端リンクの根元の位置 ${}^0 p_n$ を表している。

例題 6.3 同次変換行列を用いた座標変換の例

例題6.2を同次変換行列を用いて解け。

解答 例題6.2の解答で求めた ${}^A R_B$ と ${}^A p$ を用いると，同次変換行列 ${}^A T_B$ はつぎのようになる。

$$
{}^A T_B = \begin{bmatrix} {}^A R_B & & & {}^A p \\ 0 & 0 & 0 & 1 \end{bmatrix} = \begin{bmatrix} 1 & 0 & 0 & 2 \\ 0 & 0 & -1 & 0 \\ 0 & 1 & 0 & 0 \\ 0 & 0 & 0 & 1 \end{bmatrix}
$$

したがって

$$
\begin{bmatrix} {}^A r_A \\ 1 \end{bmatrix} = \begin{bmatrix} 1 & 0 & 0 & 2 \\ 0 & 0 & -1 & 0 \\ 0 & 1 & 0 & 0 \\ 0 & 0 & 0 & 1 \end{bmatrix} \begin{bmatrix} 2 \\ 1 \\ -1 \\ 1 \end{bmatrix} = \begin{bmatrix} 4 \\ 1 \\ 1 \\ 1 \end{bmatrix}
$$

$$
\therefore \quad {}^A r_A = \begin{bmatrix} 4 \\ 1 \\ 1 \end{bmatrix}
$$

◇

6.1.5 オイラー角とロール・ピッチ・ヨウ角

以上の説明では，ロボット先端の姿勢は，ロボット先端リンクに固定した直交する三つの単位ベクトル i_n, j_n, k_n で表した。各ベクトルは三つのパラメータを持つので，合計で九つのパラメータで表すことになる。しかし，三つのベクトルは単位ベクトルであり，かつたがいに直交するので，つぎに示す条件がある。

$$
\left. \begin{aligned} i_n \cdot i_n &= 1 \\ j_n \cdot j_n &= 1 \\ k_n \cdot k_n &= 1 \\ i_n \times j_n &= k_n \end{aligned} \right\} \tag{6.15}
$$

式（6.15）は六つの条件を表している（最後の外積の式は三つの式になる）ので，九つのパラメータのうち独立したパラメータは3となる。これは3次元空間で先端リンクの姿勢に関する自由度が3であることと一致する。

ロボット先端の姿勢の表し方として，上述の i_n, j_n, k_n を用いる以外にいくつかの方法がある。ここでは，**オイラー角**（Euler angle）を用いる方法と**ロール・ピッチ・ヨウ角**（roll, pitch, yaw angle）を用いる方法について説明する。

これらは，x, y, z軸回りの三つの回転角によって姿勢を表す方法である。この場合，回転の順序が重要となる。

(a) **オイラー角**

つぎの手順で座標系Σ_0を回転させることで，座標系Σ_Cが表せるとき，座標系Σ_0からみた座標系Σ_Cの姿勢はα, β, γの三つのパラメータで記述できる。この三つのパラメータをオイラー角と呼ぶ。

1. まず，座標系Σ_0をそのz_0軸回りにα回転させてできた座標系をΣ_Aとする。
2. つぎにΣ_A座標系をそのy_A軸回りにβ回転させてできた座標系をΣ_Bとする。
3. 最後にΣ_B座標系をそのz_B軸回りにγ回転させてできた座標系をΣ_Cとする。

オイラー角α, β, γは図**6.8**のような3自由度の回転機構を考えれば理解しやすい。

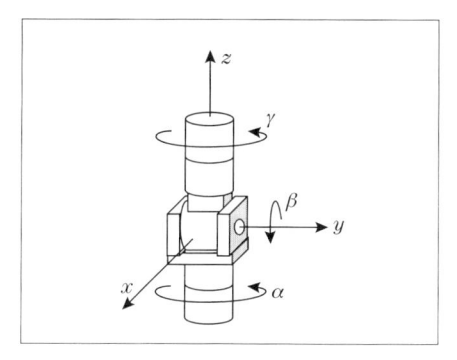

図**6.8** オイラー角α, β, γに対応する3自由度回転機構

回転行列はつぎのようになる。

$$
\begin{aligned}
{}^0\boldsymbol{R}_C &= {}^0\boldsymbol{R}_A(z)\,{}^A\boldsymbol{R}_B(y)\,{}^B\boldsymbol{R}_C(z) \\
&= \begin{bmatrix} C_\alpha & -S_\alpha & 0 \\ S_\alpha & C_\alpha & 0 \\ 0 & 0 & 1 \end{bmatrix} \begin{bmatrix} C_\beta & 0 & S_\beta \\ 0 & 1 & 0 \\ -S_\beta & 0 & C_\beta \end{bmatrix} \begin{bmatrix} C_\gamma & -S_\gamma & 0 \\ S_\gamma & C_\gamma & 0 \\ 0 & 0 & 1 \end{bmatrix} \\
&= \begin{bmatrix} C_\alpha C_\beta C_\gamma - S_\alpha S_\gamma & -C_\alpha C_\beta S_\gamma - S_\alpha C_\gamma & C_\alpha S_\beta \\ S_\alpha C_\beta C_\gamma + C_\alpha S_\gamma & -S_\alpha C_\beta S_\gamma + C_\alpha C_\gamma & S_\alpha S_\beta \\ -S_\beta C_\gamma & S_\beta S_\gamma & C_\beta \end{bmatrix}
\end{aligned} \tag{6.16}
$$

式 (6.16) によって，オイラー角が与えられたとき，座標系 Σ_0 からみた座標系 Σ_C の基底ベクトルが計算できる．

逆に，全体座標系 Σ_0 からみた座標系 Σ_C の基底ベクトル $^0\boldsymbol{i}_C$, $^0\boldsymbol{j}_C$, $^0\boldsymbol{k}_C$ が与えられたとき，オイラー角を求めてみよう．

$$^0\boldsymbol{R}_C = [\,^0\boldsymbol{i}_C,\ ^0\boldsymbol{j}_C,\ ^0\boldsymbol{k}_C\,] = \begin{bmatrix} i_x & j_x & k_x \\ i_y & j_y & k_y \\ i_z & j_z & k_z \end{bmatrix} \tag{6.17}$$

とする．

式 (6.16) と式 (6.17) の対応する成分を比較して計算を行うが，どの成分を用いるかによっていろいろな式の表現法があり得る．ここでは第3行と第3列の成分比較から求めよう．ただし，$S_\beta \neq 0$ とする．

$C_\alpha S_\beta = k_x$ ⋯ (a)　　　$S_\alpha S_\beta = k_y$ ⋯ (b)　　　$C_\beta = k_z$ ⋯ (c)

$-S_\beta C_\gamma = i_z$ ⋯ (d)　　　$S_\beta S_\gamma = j_z$ ⋯ (e)

式 (a) と式 (b) から

$$\alpha = \mathrm{atan}\,2\,(\pm k_y, \pm k_x) \tag{6.18}$$

式 (c) から

$$\beta = \pm\mathrm{atan}\,2\,(\sqrt{1-k_z^2},\ k_z) \tag{6.19}$$

式 (d) と式 (e) から

$$\gamma = \mathrm{atan}\,2\,(\pm j_z, \mp i_z) \tag{6.20}$$

このように解くと，α, β, γ それぞれについて2通り，組合せを考えると計8通りの解の候補が得られる．しかし，解の必要条件であるが，十分条件ではない．つぎのステップとして，これら解の候補を式 (6.17) に代入し，全9成分が式 (6.16) と一致するか否かをみて，正しい解を選択する必要がある．

例題 **6.4　オイラー角に関する計算例**

座標系 Σ_0 に対してオイラー角 0, $\pi/4$, $\pi/2$ で表される座標系 Σ_C の基底ベクトル $^0\boldsymbol{i}_C$, $^0\boldsymbol{j}_C$, $^0\boldsymbol{k}_C$ を求めよ．また，このとき回転行列 $^0\boldsymbol{R}_C$ から，式 (6.18) 〜

(6.20) を用いて，オイラー角を計算せよ．

解答 図6.9に示すように，まず，y_0軸周りに$\pi/4$ [rad]，その結果できたz_B軸周りに$\pi/2$ [rad] 回転させると，図示のように座標系Σ_Cのx_C軸，y_C軸，z_C軸を得る．その基底ベクトル$\boldsymbol{i}_c, \boldsymbol{j}_c, \boldsymbol{k}_c$を基準座標系$\Sigma_0$で表示するとつぎのようになる．

$$^0\boldsymbol{i}_c = \begin{bmatrix} 0 \\ 1 \\ 0 \end{bmatrix}, \quad ^0\boldsymbol{j}_c = \begin{bmatrix} \frac{-1}{\sqrt{2}} \\ 0 \\ \frac{1}{\sqrt{2}} \end{bmatrix}, \quad ^0\boldsymbol{k}_c = \begin{bmatrix} \frac{1}{\sqrt{2}} \\ 0 \\ \frac{1}{\sqrt{2}} \end{bmatrix} \tag{6.21}$$

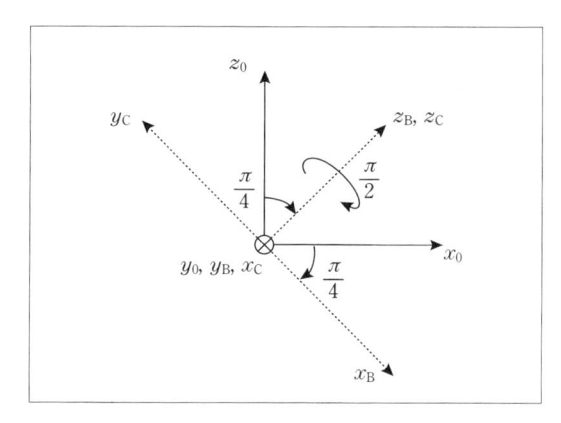

図6.9 オイラー角 $0, \pi/4, \pi/2$の例

したがって，回転行列$^0\boldsymbol{R}_C$は

$$^0\boldsymbol{R}_C = \begin{bmatrix} 0 & -\frac{1}{\sqrt{2}} & \frac{1}{\sqrt{2}} \\ 1 & 0 & 0 \\ 0 & \frac{1}{\sqrt{2}} & \frac{1}{\sqrt{2}} \end{bmatrix} \tag{6.22}$$

式 (6.16) において，$\alpha = 0$, $\beta = \pi/4$ [rad], $\gamma = \pi/2$ [rad] の値を代入しても同じ結果が得られる．

つぎに，逆に式 (6.22) が与えられたとき，オイラー角を求めてみる．
式 (6.18) 〜 (6.20) を用いて

$$\alpha = \text{atan2}\left(0, \pm\frac{1}{\sqrt{2}}\right) = 0 \text{ または } \pi$$

$$\beta = \pm \mathrm{atan}\, 2\left(\frac{1}{\sqrt{2}}, \frac{1}{\sqrt{2}}\right) = \pm \frac{\pi}{4}$$
$$\gamma = \mathrm{atan}\, 2\left(\pm \frac{1}{\sqrt{2}}, 0\right) = \pm \frac{\pi}{2}$$

すなわち，(α, β, γ) はつぎの8通りの解の候補が得られる。

$$\left(0, \frac{\pi}{4}, \frac{\pi}{2}\right),\ \left(0, \frac{\pi}{4}, -\frac{\pi}{2}\right),\ \left(0, -\frac{\pi}{4}, \frac{\pi}{2}\right),\ \left(0, -\frac{\pi}{4}, -\frac{\pi}{2}\right),$$
$$\left(\pi, \frac{\pi}{4}, \frac{\pi}{2}\right),\ \left(\pi, \frac{\pi}{4}, -\frac{\pi}{2}\right),\ \left(\pi, -\frac{\pi}{4}, \frac{\pi}{2}\right),\ \left(\pi, -\frac{\pi}{4}, -\frac{\pi}{2}\right)$$

これらをそれぞれ式（6.16）に代入すると，全成分が式（6.22）と一致する組合せはつぎの2通りであることがわかる。

$$\alpha = 0,\ \beta = \frac{\pi}{4},\ \gamma = \frac{\pi}{2} \quad \text{および} \quad \alpha = \pi,\ \beta = -\frac{\pi}{4},\ \gamma = -\frac{\pi}{2} \qquad \diamondsuit$$

（b）ロール・ピッチ・ヨウ角

ロール・ピッチ・ヨウ角はオイラー角と同様にある座標系からみた別の座標系の姿勢を三つの回転によって表示するものであるが，座標の回転の順序がオイラー角の場合と異なる。つぎの手順で座標系 Σ_0 を回転させることで座標系 Σ_C が得られるとき，座標系 Σ_0 からみた座標系 Σ_C の姿勢は R, P, Y の三つのパラメータで記述できる。R, P, Y を順にロール，ピッチ，ヨウ角と呼ぶ。

1. まず，座標系 Σ_0 をその z_0 軸回りに R 回転させてできる座標系を Σ_A とする。
2. つぎに Σ_A 座標系をその y_A 軸回りに P 回転させてできる座標系を Σ_B とする。
3. 最後に Σ_B 座標系をその x_B 軸回りに Y 回転させてできる座標系を Σ_C とする。

ロール・ピッチ・ヨウ角は R, P, Y は**図6.10**のような3自由度の回転機構を考えれば理解しやすい。

回転行列はつぎのようになる。

6.1 位置・姿勢の表現と座標変換

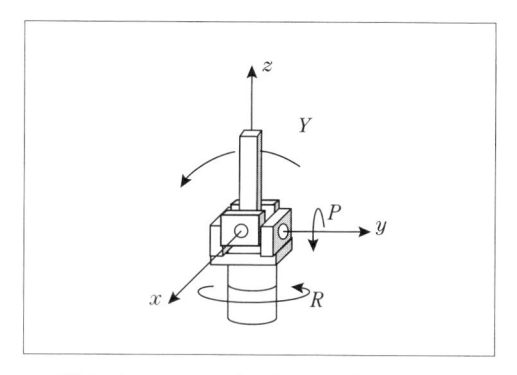

図6.10 ロール・ピッチ・ヨウ角 R, P, Y に対応する3自由度回転機構

$$
\begin{aligned}
{}^0\boldsymbol{R}_C &= {}^0\boldsymbol{R}_A(z)\,{}^A\boldsymbol{R}_B(y)\,{}^B\boldsymbol{R}_C(x) \\
&= \begin{bmatrix} C_R & -S_R & 0 \\ S_R & C_R & 0 \\ 0 & 0 & 1 \end{bmatrix} \begin{bmatrix} C_P & 0 & S_P \\ 0 & 1 & 0 \\ -S_P & 0 & C_P \end{bmatrix} \begin{bmatrix} 1 & 0 & 0 \\ 0 & C_Y & -S_Y \\ 0 & S_Y & C_Y \end{bmatrix} \\
&= \begin{bmatrix} C_R C_P & C_R S_P S_Y - S_R C_Y & C_R S_P C_Y + S_R S_Y \\ S_R C_P & S_R S_P S_Y + C_R C_Y & S_R S_P C_Y - C_R S_Y \\ -S_P & C_P S_Y & C_P C_Y \end{bmatrix}
\end{aligned} \tag{6.23}
$$

オイラー角と同様に，座標系 Σ_C の基底ベクトル，${}^0\boldsymbol{i}_C$, ${}^0\boldsymbol{j}_C$, ${}^0\boldsymbol{k}_C$ からロール・ピッチ・ヨウ角を計算できるが，ここでは省略する．

例題 6.5 回転の順序

オイラー角もロール・ピッチ・ヨウ角も，回転の順序が重要である．ロール・ピッチ・ヨウ角について

1. 回転の順序を変えると異なる姿勢が得られること

ただし

2. ロール・ピッチ・ヨウ角がいずれも小さいときは回転の順序によらないこと

をそれぞれ確かめよ．

解答 ロール・ピッチ・ヨウ角は，z, y, x の順につぎつぎと新しくできた座標

系の軸回りに回転していくので，1．，2．とも感覚的には理解できるであろう。ここでは実際に計算で確かめてみよう。

例えば，x, y, zの順にそれぞれY, P, R回転させるとつぎのような行列が得られる。

$$^0\boldsymbol{R}_\mathrm{A}(x)\,^A\boldsymbol{R}_\mathrm{B}(y)\,^B\boldsymbol{R}_\mathrm{C}(z) = \begin{bmatrix} 1 & 0 & 0 \\ 0 & C_Y & -S_Y \\ 0 & S_Y & C_Y \end{bmatrix} \begin{bmatrix} C_P & 0 & S_P \\ 0 & 1 & 0 \\ -S_P & 0 & C_P \end{bmatrix} \begin{bmatrix} C_R & -S_R & 0 \\ S_R & C_R & 0 \\ 0 & 0 & 1 \end{bmatrix}$$

$$= \begin{bmatrix} C_R C_P & -S_R C_P & S_P \\ S_R C_Y + C_R S_P S_Y & C_R C_Y - S_R S_P S_Y & -C_P S_Y \\ S_R S_Y - C_R S_P C_Y & S_R S_P C_Y + C_R S_Y & C_P C_Y \end{bmatrix}$$

式（6.23）とはまったく異なる行列が得られる。

つぎに，R, P, Yがいずれも非常に小さい場合について考えよう。この場合，$S_R \approx R$, $C_R \approx 1$と近似できる。P, Yについても同様である。したがって

$$^0\boldsymbol{R}_\mathrm{A}(z)\,^A\boldsymbol{R}_\mathrm{B}(y)\,^B\boldsymbol{R}_\mathrm{C}(x) = \begin{bmatrix} 1 & -R & P \\ R & 1 & -Y \\ -P & Y & 1 \end{bmatrix}$$

ただし，高次項（例えば，R^2やRY）は≈ 0として計算した。
$^0\boldsymbol{R}_\mathrm{A}(x)\,^A\boldsymbol{R}_\mathrm{B}(y)\,^B\boldsymbol{R}_\mathrm{C}(z)$を計算しても上式と同じ結果が得られる。 ◇

6.2 平面ロボット機構の運動解析

同次変換行列を用いた運動解析手法を理解するために，まず，平面内で動作するロボットの運動解析を行ってみる。

6.2.1 順 運 動 学

図6.11に示すロボットは，三つの回転関節J_1, J_2, J_3からなり，x_0-y_0平面内で動作して3自由度を持つ。各アームの長さをl_1, l_2, l_3とする。

ロボット根元に原点を持つ全体座標系Σ_0を定義する。また，各関節J_iを原点とするローカル座標系Σ_iをそれぞれ定義する。ただし，$i = 1,2,3$である。各ローカル座標系Σ_iはリンクiに固定され，リンクiと一体になってx_0-y_0平面内を動作する。x_i軸は各リンクの長手方向に，z_i軸はz_0軸と同じ方向（すなわ

6.2 平面ロボット機構の運動解析

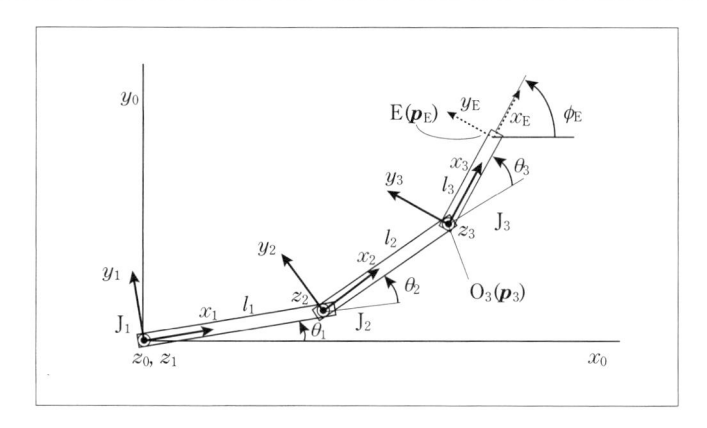

図6.11 3自由度平面内動作ロボット

ち,紙面に対して垂直上向き)にとる。

y_i軸はΣ_i座標系が右手系をなすようにとる。また,回転角θ_iはz_i軸に対して右ねじ方向を正にとる。

なお,このロボットは平面内で動作するので,本来はz_i軸は定義する必要はないが,立体的に動作するロボット解析手法の習得にスムーズにつながるよう,z_i軸を定義して議論を進める。

同次変換行列はおのおのつぎのようになる。

$$\left.\begin{array}{l}
{}^0\boldsymbol{T}_1 = \begin{bmatrix} C_1 & -S_1 & 0 & 0 \\ S_1 & C_1 & 0 & 0 \\ 0 & 0 & 1 & 0 \\ 0 & 0 & 0 & 1 \end{bmatrix} \\[2em]
{}^1\boldsymbol{T}_2 = \begin{bmatrix} C_2 & -S_2 & 0 & l_1 \\ S_2 & C_2 & 0 & 0 \\ 0 & 0 & 1 & 0 \\ 0 & 0 & 0 & 1 \end{bmatrix} \\[2em]
{}^2\boldsymbol{T}_3 = \begin{bmatrix} C_3 & -S_3 & 0 & l_2 \\ S_3 & C_3 & 0 & 0 \\ 0 & 0 & 1 & 0 \\ 0 & 0 & 0 & 1 \end{bmatrix}
\end{array}\right\} \quad (6.24)$$

ただし

$$\cos(\theta_i) = C_i, \quad \cos(\theta_i + \theta_j) = C_{ij}, \quad \cos(\theta_i + \theta_j + \theta_k) = C_{ijk},$$
$$\sin(\theta_i) = S_i, \quad \sin(\theta_i + \theta_j) = S_{ij}, \quad \sin(\theta_i + \theta_j + \theta_k) = S_{ijk} \quad (6.25)$$

と表記する。

したがって

$${}^0T_3 = {}^0T_1{}^1T_2{}^2T_3 = \begin{bmatrix} C_{123} & -S_{123} & 0 & l_2 C_{12} + l_1 C_1 \\ S_{123} & C_{123} & 0 & l_2 S_{12} + l_1 S_1 \\ 0 & 0 & 1 & 0 \\ 0 & 0 & 0 & 1 \end{bmatrix} \quad (6.26)$$

式 (6.26) から，全体座標系 Σ_0 からみた点 O_3 の位置を示す ${}^0\boldsymbol{p}_3$，と，姿勢を示す座標系 Σ_3 の基底ベクトル ${}^0\boldsymbol{i}_3$，${}^0\boldsymbol{j}_3$，${}^0\boldsymbol{k}_3$ は

$${}^0\boldsymbol{p}_3 = \begin{bmatrix} l_2 C_{12} + l_1 C_1 \\ l_2 S_{12} + l_1 S_1 \\ 0 \end{bmatrix}, \quad {}^0\boldsymbol{i}_3 = \begin{bmatrix} C_{123} \\ S_{123} \\ 0 \end{bmatrix}, \quad {}^0\boldsymbol{j}_3 = \begin{bmatrix} -S_{123} \\ C_{123} \\ 0 \end{bmatrix}, \quad {}^0\boldsymbol{k}_3 = \begin{bmatrix} 0 \\ 0 \\ 1 \end{bmatrix} \quad (6.27)$$

であることがわかる。

さらに，リンク3の先端Eを全体座標系 Σ_0 の座標として表してみよう。座標系 Σ_3 からみた点Eの位置ベクトルを ${}^3\boldsymbol{p}_E$ とすると

$${}^3\boldsymbol{p}_E = \begin{bmatrix} l_3 \\ 0 \\ 0 \end{bmatrix} \quad (6.28)$$

であるから，座標系 Σ_0 からみたロボット先端の位置ベクトルを ${}^0\boldsymbol{p}_E$ はつぎのように計算できる。

$${}^0\boldsymbol{p}_E = {}^0T_3 \begin{bmatrix} l_3 \\ 0 \\ 0 \\ 1 \end{bmatrix}$$

$$= \begin{bmatrix} C_{123} & -S_{123} & 0 & l_2 C_{12} + l_1 C_1 \\ S_{123} & C_{123} & 0 & l_2 S_{12} + l_1 S_1 \\ 0 & 0 & 1 & 0 \\ 0 & 0 & 0 & 1 \end{bmatrix} \begin{bmatrix} l_3 \\ 0 \\ 0 \\ 1 \end{bmatrix}$$

$$= \begin{bmatrix} l_3C_{123} + l_2C_{12} + l_1C_1 \\ l_3S_{123} + l_2S_{12} + l_1S_1 \\ 0 \\ 1 \end{bmatrix} \quad (6.29)$$

つまり,全体座標系Σ_0からみたロボットアーム先端Eの位置 (x_E, y_E, z_E) は各関節角 θ_1, θ_2, θ_3 の関数として次式で与えられる.

$$\begin{aligned} x_E &= l_1C_1 + l_2C_{12} + l_3C_{123} \\ y_E &= l_1S_1 + l_2S_{12} + l_3S_{123} \\ z_E &= 0 \end{aligned} \quad (6.30)$$

また,式 (6.27) より,先端の x_3 軸が $(C_{123}, S_{123}, 0)^t$ 方向を向いていることから,先端の向き ϕ_E は次式のように求められる.

$$\begin{aligned} \phi_E &= \text{atan}\,2(S_{123}, C_{123}) \\ &= \theta_1 + \theta_2 + \theta_3 \end{aligned} \quad (6.31)$$

ここで示した例は簡単な例であり,式 (6.30) および式 (6.31) は図6.11から幾何学的に直接求めた結果と一致することが容易に確認できる.

注釈:
座標系Σ_0からみたロボット先端の位置ベクトル $^0\boldsymbol{p}_E$ を求める場合,図6.11に示すように,Eを原点とする座標系Σ_Eをとって考えてもよい.座標系Σ_Eは座標系Σ_3をx_3軸方向にl_3移動させたものであるから

$$\begin{aligned} ^0\boldsymbol{T}_E &= {}^0\boldsymbol{T}_3\,{}^3\boldsymbol{T}_E \\ &= \begin{bmatrix} C_{123} & -S_{123} & 0 & l_2C_{12}+l_1C_1 \\ S_{123} & C_{123} & 0 & l_2S_{12}+l_1S_1 \\ 0 & 0 & 1 & 0 \\ 0 & 0 & 0 & 1 \end{bmatrix} \begin{bmatrix} 1 & 0 & 0 & l_3 \\ 0 & 1 & 0 & 0 \\ 0 & 0 & 1 & 0 \\ 0 & 0 & 0 & 1 \end{bmatrix} \\ &= \begin{bmatrix} C_{123} & -S_{123} & 0 & l_3C_{123}+l_2C_{12}+l_1C_1 \\ S_{123} & C_{123} & 0 & l_3S_{123}+l_2S_{12}+l_1S_1 \\ 0 & 0 & 1 & 0 \\ 0 & 0 & 0 & 1 \end{bmatrix} \end{aligned}$$

全体座標系Σ_0からみた座標系Σ_Eの基底ベクトルは上記行列の第1, 2, 3列に,座

標系Σ_Eの原点は,第4列に現れる。

6.2.2 逆 運 動 学

引き続き図6.11のロボットを例に逆運動学解析を行おう。全体座標系Σ_0からみたロボット先端点Eの位置（x_E, y_E, z_E）と向きϕ_Eから各関節角θ_1, θ_2, θ_3を求める問題である。数学的には,式（6.30）と式（6.31）を変形して,θ_1, θ_2, θ_3をx_E, y_E, ϕ_Eの関数として表せばよいのだが,幾何学的な考察を含めながら進めるとわかりやすい。

図6.11において,点O_3の座標x_3, y_3はx_E, y_E, ϕ_E,およびθ_1, θ_2によりそれぞれつぎのように表すことができる。

$$\left.\begin{array}{l} x_3 = x_E - l_3 C_\phi \\ y_3 = y_E - l_3 S_\phi \end{array}\right\} \tag{6.32}$$

$$\left.\begin{array}{l} x_3 = l_1 C_1 + l_2 C_{12} \\ y_3 = l_1 S_1 + l_2 S_{12} \end{array}\right\} \tag{6.33}$$

式（6.33）はスカラ形ロボットの逆運動学と同じであるから,5章の演習問題［1］と同様に計算を進めると次式となる。

$$\theta_1 = \operatorname{atan2}(y_3, x_3) \pm \operatorname{atan2}\left(\sqrt{x_3^2 + y_3^2 - c_1^2}, c_1\right) \tag{6.34}$$

$$\theta_2 = \pm\operatorname{atan2}\left(\sqrt{x_3^2 + y_3^2 - c_1^2}, c_1\right) \mp \operatorname{atan2}\left(\sqrt{x_3^2 + y_3^2 - c_2^2}, c_2\right) \tag{6.35}$$

ただし

$$c_1 = \frac{x_3^2 + y_3^2 + l_1^2 - l_2^2}{2l_1}, \quad c_2 = \frac{x_3^2 + y_3^2 + l_2^2 - l_1^2}{2l_2}$$

式（6.34）および式（6.35）で求めたθ_1とθ_2を用いることによって

$$\theta_3 = \phi_E - \theta_1 - \theta_2 \tag{6.36}$$

式（6.32）を用いて,ロボット先端の目標位置,姿勢x_E, y_E, ϕ_Eから,x_3, y_3が求まり,その結果を式（6.34）～（6.36）に代入することで各関節角θ_1, θ_2, θ_3が求められる。これが本ロボットの逆運動学の解である。ここからもわかるように,ロボットの逆問題では一般に複数の解が存在する。

上の例は非常に簡単な例であるが，シリアルマニピュレータでは一般に，順運動学は解析的に解けるが，逆運動学を解析的に解くことは必ずしも容易ではない。一方，パラレルマニピュレータではこれとは逆に，逆運動学は解析的に解けるが，順運動学を解析的に解くことは必ずしも容易ではない。

例題 6.6 図6.11において，$x_E = 1$ 〔m〕，$y_E = 0.6$ 〔m〕，$\phi_E = 0$ を実現するための各関節角 θ_1, θ_2, θ_3 を求めよ。ただし，$l_1 = 0.8$ 〔m〕，$l_2 = 0.5$ 〔m〕，$l_3 = 0.3$ 〔m〕とする。

解答 式 (6.32) 〜 (6.36) に，$x_E = 1$ 〔m〕，$y_E = 0.6$ 〔m〕，$\phi_E = 0$，$l_1 = 0.8$ 〔m〕，$l_2 = 0.5$ 〔m〕，$l_3 = 0.3$ 〔m〕を代入するとつぎの2組の解が得られる。

$(\theta_1, \theta_2, \theta_3)=(1.2810, -1.6208, 0.3398), (0.1362, 1.6208, -1.7570)$

単位はいずれも〔rad〕。 ◇

6.3 ヤコビ行列

n 個の変数で値が決まる m 個の関数 $f_1(x_1, x_2, \cdots, x_n)$, $f_2(x_1, x_2, \cdots, x_n)$, $\cdots$, $f_m(x_1, x_2, \cdots, x_n)$ に対してつぎの $m \times n$ 行列 $\boldsymbol{J}$ は**ヤコビ行列**と呼ばれる。

$$\boldsymbol{J} = \begin{bmatrix} \dfrac{\partial f_1}{\partial x_1} & \dfrac{\partial f_1}{\partial x_2} & \cdots & \dfrac{\partial f_1}{\partial x_n} \\ \dfrac{\partial f_2}{\partial x_1} & \dfrac{\partial f_2}{\partial x_2} & \cdots & \dfrac{\partial f_2}{\partial x_n} \\ \vdots & \vdots & & \vdots \\ \dfrac{\partial f_m}{\partial x_1} & \dfrac{\partial f_m}{\partial x_2} & \cdots & \dfrac{\partial f_m}{\partial x_n} \end{bmatrix} \tag{6.37}$$

ロボット機構学では，式 (6.37) における $f_1, f_2, \cdots, f_m$ をロボット先端の位置や姿勢，$x_1, x_2, \cdots, x_n$ を各関節の変位として適用する。実用されている多くのロボット機構では，ロボットの動作自由度と関節数は等しいので，ここでは，$m = n$ に限定して考えることにする。ヤコビ行列は，ロボットの運動や力の解析に関し，重要な意味を持つ。

6.2節で用いた平面ロボットを例に説明しよう．式（6.30）の両辺を時間 t で微分すると，関節の角速度 $\dot{\theta}_1, \dot{\theta}_2, \dot{\theta}_3$ とロボットアーム先端Eの速度ベクトル（$\dot{x}_E, \dot{y}_E, \dot{\phi}_E$）に関して次式が得られる．

$$\begin{aligned}\dot{x}_E &= (-l_1S_1 - l_2S_{12} - l_3S_{123})\dot{\theta}_1 + (-l_2S_{12} - l_3S_{123})\dot{\theta}_2 + (-l_3S_{123})\dot{\theta}_3 \\ \dot{y}_E &= (l_1C_1 + l_2C_{12} + l_3C_{123})\dot{\theta}_1 + (l_2C_{12} + l_3C_{123})\dot{\theta}_2 + (l_3C_{123})\dot{\theta}_3 \\ \dot{\phi}_E &= \dot{\theta}_1 + \dot{\theta}_2 + \dot{\theta}_3\end{aligned} \quad (6.38)$$

これをヤコビ行列 J を用いてつぎのように書き換えられる．

$$\begin{bmatrix}\dot{x}_E \\ \dot{y}_E \\ \dot{\phi}_E\end{bmatrix} = J \begin{bmatrix}\dot{\theta}_1 \\ \dot{\theta}_2 \\ \dot{\theta}_3\end{bmatrix} \quad (6.39)$$

ただし

$$J = \begin{bmatrix} -l_1S_1 - l_2S_{12} - l_3S_{123} & -l_2S_{12} - l_3S_{123} & -l_3S_{123} \\ l_1C_1 + l_2C_{12} + l_3C_{123} & l_2C_{12} + l_3C_{123} & l_3C_{123} \\ 1 & 1 & 1 \end{bmatrix} \quad (6.40)$$

ヤコビ行列は，式（6.39）が意味するように，各関節の速度と，ロボットアーム先端の速度の関係を表す行列である．あるいは，ある微小時間における各関節の変化量と，先端の位置・姿勢の変化量の関係を表す行列と考えれば，つぎのようにも書ける．

$$\begin{bmatrix}\delta x_E \\ \delta y_E \\ \delta \phi_E\end{bmatrix} = J \begin{bmatrix}\delta \theta_1 \\ \delta \theta_2 \\ \delta \theta_3\end{bmatrix} \quad (6.41)$$

ここで，$\delta x_E, \delta y_E, \delta \phi_E$ は先端の位置・姿勢の微小変化量を，$\delta \theta_1, \delta \theta_2, \delta \theta_3$ は各関節の微小変化量を意味する．

|例題| **6.7 微小量動作時の逆問題**

図6.11に示すロボットにおいて，$l_1 = 0.8$〔m〕，$l_2 = 0.5$〔m〕，$l_3 = 0.3$〔m〕のとき，$\theta_1 = 1.2810$〔rad〕，$\theta_2 = -1.6208$〔rad〕，$\theta_3 = 0.3398$〔rad〕とすると，ロボットの先端が，$x_E = 1$〔m〕，$y_E = 0.6$〔m〕，$\phi_E = 0$〔rad〕となるこ

とは，すでに例題6.6で導いた．この状態から，先端の位置を保ったまま，先端を微小量$\delta\phi$〔rad〕回転させるための各関節の動き$\delta\theta_1$, $\delta\theta_2$, $\delta\theta_3$を求めよ．

解答 式（6.40）から

$$J = \begin{bmatrix} -0.6 & 0.1666 & 0 \\ 1 & 0.7714 & 0.3 \\ 1 & 1 & 1 \end{bmatrix}$$

計算を進めて

$$J^{-1} = \begin{bmatrix} -1.18 & 0.4171 & -0.1251 \\ 1.7522 & 1.5019 & -0.45061 \\ -0.5722 & -1.9190 & 1.5757 \end{bmatrix}$$

式（6.41）から

$$\begin{bmatrix} \delta\theta_1 \\ \delta\theta_2 \\ \delta\theta_3 \end{bmatrix} = J^{-1} \begin{bmatrix} 0 \\ 0 \\ \delta\phi \end{bmatrix}$$

$$= \begin{bmatrix} -0.125\,1\,\delta\phi \\ -0.450\,6\,\delta\phi \\ 1.575\,7\,\delta\phi \end{bmatrix}$$

◇

ヤコビ行列を用いることで，ロボット機構の特性を解析することができる．ヤコビ行列の持つ意味をいくつか述べてみよう．

6.3.1 特異姿勢の計算

式（6.41）において，もし，ヤコビ行列の逆行列が存在しないとき，すなわち$\det J = 0$のとき，ロボット先端は自由に動かせないことになる．これは5章で述べた特異姿勢の数学的表現である．

式（6.40）の行列式を計算すると

$$\det J = l_1 l_2 \sin \theta_2 \tag{6.42}$$

となり，このロボットアームは$\theta_2 = 0$または$\pm\pi$で特異姿勢となることが求められる．

6.3.2 ヤコビ行列を用いた力解析

図6.11のロボットアームにおいて，先端Eに働く外力 $\boldsymbol{f} = (f_x, f_y, m_z)^t$ は各関節 J_1, J_2, J_3 に生じるモーメント $\boldsymbol{t} = (t_1, t_2, t_3)^t$ と，ヤコビ行列を用いることによって関係づけることができる。ただし，f_x, f_y, m_z は，それぞれ，点Eに働く外力の x_0, y_0 方向の成分，および z_0 軸回りの回転モーメントを表す。

すでに3.4節で述べたのと同様に，仮想仕事の原理を適用する。

外力 $\boldsymbol{f}$ によって生じるロボットアーム先端の仮想変位を $\boldsymbol{\delta r} = (\delta x_E, \delta y_E, \delta \phi_E)^t$，各関節の仮想変位を $\boldsymbol{\delta \Theta} = (\delta \theta_1, \delta \theta_2, \delta \theta_3)^t$ とすると

$$\boldsymbol{\delta r} = \boldsymbol{J} \, \boldsymbol{\delta \Theta} \tag{6.43}$$

仮想仕事の定理から

$$\boldsymbol{f}^t \, \boldsymbol{\delta r} = \boldsymbol{t}^t \, \boldsymbol{\delta \Theta} \tag{6.44}$$

式 (6.43) を式 (6.44) に代入して

$$\boldsymbol{f}^t \boldsymbol{J} \boldsymbol{\delta \Theta} = \boldsymbol{t}^t \, \boldsymbol{\delta \Theta}$$

ゆえに

$$\boldsymbol{t} = (\boldsymbol{f}^t \boldsymbol{J})^t = \boldsymbol{J}^t \boldsymbol{f} \tag{6.45}$$

式 (6.40) を用いて成分表示すると

$$\begin{bmatrix} t_1 \\ t_2 \\ t_3 \end{bmatrix} = \begin{bmatrix} -l_1 S_1 - l_2 S_{12} - l_3 S_{123} & l_1 C_1 + l_2 C_{12} + l_3 C_{123} & 1 \\ -l_2 S_{12} - l_3 S_{123} & l_2 C_{12} + l_3 C_{123} & 1 \\ -l_3 S_{123} & l_3 C_{123} & 1 \end{bmatrix} \begin{bmatrix} f_x \\ f_y \\ m_z \end{bmatrix} \tag{6.46}$$

これは，図6.11から幾何学的に得られる解と一致する。

例題 6.8 ヤコビ行列を用いた力解析

例題6.6, 6.7に引き続いて，図6.11に示すロボットについて考えよう。$x_E = 1$ [m], $y_E = 0.6$ [m], $\phi_E = 0$ [rad] の姿勢において，ロボット先端に $-y_0$ 方向に10 [N] の荷重と，反時計回り方向のモーメント1 [Nm] が同時にかかるとき，これらの荷重を支えるために各関節が出すべきモーメント m_1, m_2, m_3 を求めよ。ただし，$l_1 = 0.8$ [m], $l_2 = 0.5$ [m], $l_3 = 0.3$ [m] とする。

解答 例題6.7で求めた J を利用する。すなわち

$$\begin{bmatrix} m_1 \\ m_2 \\ m_3 \end{bmatrix} = J^t \begin{bmatrix} 0 \\ -10 \\ 1 \end{bmatrix}$$

$$= \begin{bmatrix} -0.6 & 1 & 1 \\ 0.1666 & 0.7714 & 1 \\ 0 & 0.3 & 1 \end{bmatrix} \begin{bmatrix} 0 \\ -10 \\ 1 \end{bmatrix}$$

$$= \begin{bmatrix} -9 \\ -6.714 \\ -2 \end{bmatrix} \quad \text{(単位はいずれも〔Nm〕)} \qquad \diamond$$

6.3.3 ヤコビ行列の幾何学的意味

ヤコビ行列の意味は幾何学的考察により直感的に理解することができる。いま，図**6.12**において関節 J_1 が $\delta\theta_1$ 微小回転すると，ロボットアーム先端Eには，$\delta p_1 = \delta\theta_1 \overline{J_1 E}$ なる変位が図の矢印方向に生じる。三角形 AEJ_1 と三角形BCEが相似であることから，ロボットアーム先端の微小変位の x_0，y_0 成分 δx_1，δy_1 はそれぞれつぎのようになる。

$$\delta x_1 = -\delta p_1 \frac{\overline{DE}}{\overline{CE}}$$

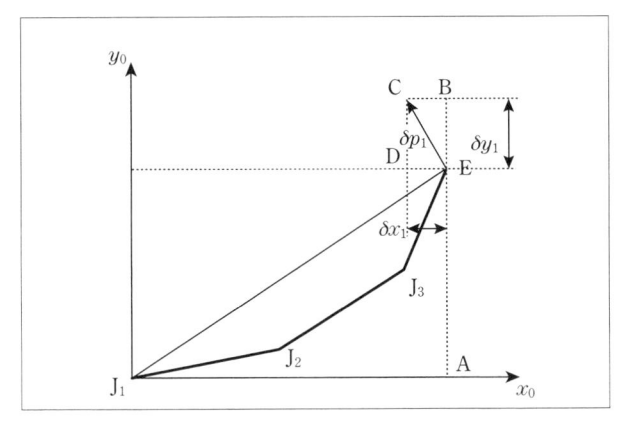

図**6.12** ヤコビ行列の幾何学的な算出

$$= -\delta p_1 \frac{\overline{AE}}{J_1 E}$$
$$= -\overline{AE}\,\delta\theta_1$$
$$= (-l_1 S_1 - l_2 S_{12} - l_3 S_{123})\,\delta\theta_1$$

同様に計算して
$$\delta y_1 = (l_1 C_1 + l_2 C_{12} + l_3 C_{123})\,\delta\theta_1 \tag{6.47}$$
関節J_1が$\delta\theta_1$微小回転することによって生じる点Eの向きの変化$\delta\phi_1$は
$$\delta\phi_1 = \delta\theta_1$$
同様に，関節J_2，J_3の微小回転によって生じるロボットアーム先端の微小変位をそれぞれ求める．これらを足し合わせると，式（6.39）および式（6.40）が得られることがわかる．

6.3.4　ヤコビ行列を用いた逆運動学解析

3.2.1項では，非線形の連立方程式の数値解法の一つとして逐次代入法をとり上げたが，より収束が速い方法としてヤコビ行列を利用した**ニュートン法**が知られている．

自由度nのロボット機構を考えよう．ロボット先端の位置や姿勢を表すn次元ベクトルを$\boldsymbol{r} = (r_1, r_2, \cdots, r_n)^t$，各関節の変位を表すベクトルを$\boldsymbol{\Theta} = (\theta_1, \theta_2, \cdots, \theta_n)^t$とする．具体的には，$r_1, r_2, \cdots, r_n$は先端位置の座標や姿勢角のうち独立な$n$個のパラメータをとる．$\theta_1, \theta_2, \cdots, \theta_n$は，回転関節の場合は回転角を，直動関節の場合は伸縮量をとる．

ロボットの先端の位置姿勢の目標値が$\boldsymbol{r}_r(r_{r1}, r_{r2}, \cdots, r_{rn})^t$で与えられたとすると，逆問題はつぎの連立方程式を解く問題となる．
$$\boldsymbol{r}(\boldsymbol{\Theta}) = \boldsymbol{r}_r \tag{6.48}$$
ニュートン法では，つぎの繰り返し計算に従って解く．
$$\left.\begin{array}{l} \boldsymbol{h}^{(k+1)} = -\boldsymbol{J}^{-1}(\boldsymbol{r}(\boldsymbol{\Theta}^{(k)}) - \boldsymbol{r}_r) \\ \boldsymbol{\Theta}^{(k+1)} = \boldsymbol{\Theta}^{(k)} + \boldsymbol{h}^{(k+1)} \end{array}\right\} \tag{6.49}$$

右肩の k は k 番目の繰り返し計算の結果であることを示す。$h^{(k+1)}$ は k 番目の結果を利用して $k+1$ 番目の値を求める際の修正量と解釈すれば理解しやすい。J^{-1} は J の逆行列である。

初めの $\Theta^{(0)}$ は適当な近似値を与えるが、初期値の与え方によっては別の解が得られたり、うまく収束しないことがある。

例題 6.9 平面ロボットの逆運動学

図6.11に示したロボットアームにおいて、$x_E = 1$ 〔m〕, $y_E = 0.6$ 〔m〕, $\phi_E = 0$ 〔rad〕を実現するための各関節角 θ_1, θ_2, θ_3 を求めよ。ただし、$l_1 = 0.8$ 〔m〕, $l_2 = 0.5$ 〔m〕, $l_3 = 0.3$ 〔m〕とする。

解答 式 (6.48) に相当する式は

$$\left.\begin{array}{l} x_E(\theta_1, \theta_2, \theta_3) = l_1 C_1 + l_2 C_{12} + l_3 C_{123} = x_{r1} \\ y_E(\theta_1, \theta_2, \theta_3) = l_1 S_1 + l_2 S_{12} + l_3 S_{123} = y_{r1} \\ \phi_E(\theta_1, \theta_2, \theta_3) = \theta_1 + \theta_2 + \theta_3 = \phi_{r1} \end{array}\right\} \quad (6.50)$$

ただし、x_{r1}, y_{r1}, ϕ_{r1} は、目標とするロボット先端Eの位置と姿勢である。ヤコビ行列はすでに式 (6.40) に示した。

解析プログラムと計算結果の例を**図6.13**に示す。ここでは、**MATLAB**というプログラムを用いている。初期の近似値を $\theta_1 = 1.0$, $\theta_2 = -1.5$, $\theta_3 = 0.3$ として計算を進め、3回の繰り返しにより0.01オーダの精度の解が得られている。プログラム中、逆行列の計算はMATLABが提供するinvという関数を用いている。計算結果は、例題6.6の結果の一つと一致している。　　　　　　　　　　　　　　　◇

この例題からもわかるように、ニュートン法はヤコビ行列を計算をする手間がかかるが、繰り返し計算の収束は逐次代入法に比べて速い。ロボットの連続軌道を生成する際には、現在とつぎのステップの位置・姿勢がきわめて近くにあるので、つぎのステップの逆問題を解く際には現在の解を初期値として用いれば収束計算は1回程度でもよく、実用的な逆運動学解析が行える。

プログラム例

```
% 例題6.9
th=[ 1 -1.5 0.3]';        % 初期近似解
rr=[ 1.0 0.6 0.0 ]';      % 目標位置・姿勢
l1=0.8; l2=0.5; l3=0.3;   % リンク長

for k=1:100
    th1=th(1); th2=th(2); th3=th(3);
    r= [ l1*cos(th1)+l2*cos(th1+th2)+l3*cos(th1+th2+th3);
        l1*sin(th1)+l2*sin(th1+th2)+l3*sin(th1+th2+th3);
        th1+th2+th3 ]

    s1=sin(th1); s12=sin(th1+th2); s123=sin(th1+th2+th3);
    c1=cos(th1); c12=cos(th1+th2); c123=cos(th1+th2+th3);
    J=[ -l1*s1-l2*s12-l3*s123    -l2*s12-l3*s123    -l3*s123;
         l1*c1+l2*c12+l3*c123     l2*c12+l3*c123     l3*c123;
         1                        1                  1       ];

    th=th-inv(J)*(r-rr)
    if norm(r-rr)< 0.01 k, break, end
end
```

- th(i)はベクトルthの第i成分
- $r^{(k)}$の計算
- ヤコビ行列の計算
- $\theta^{(k+1)}$の計算と収束判定

計算結果

$$r^{(1)} = \begin{bmatrix} 1.1651 \\ 0.3739 \\ -0.2000 \end{bmatrix}, \quad th^{(1)} = \begin{bmatrix} 1.2952 \\ -1.7046 \\ 0.4094 \end{bmatrix}$$

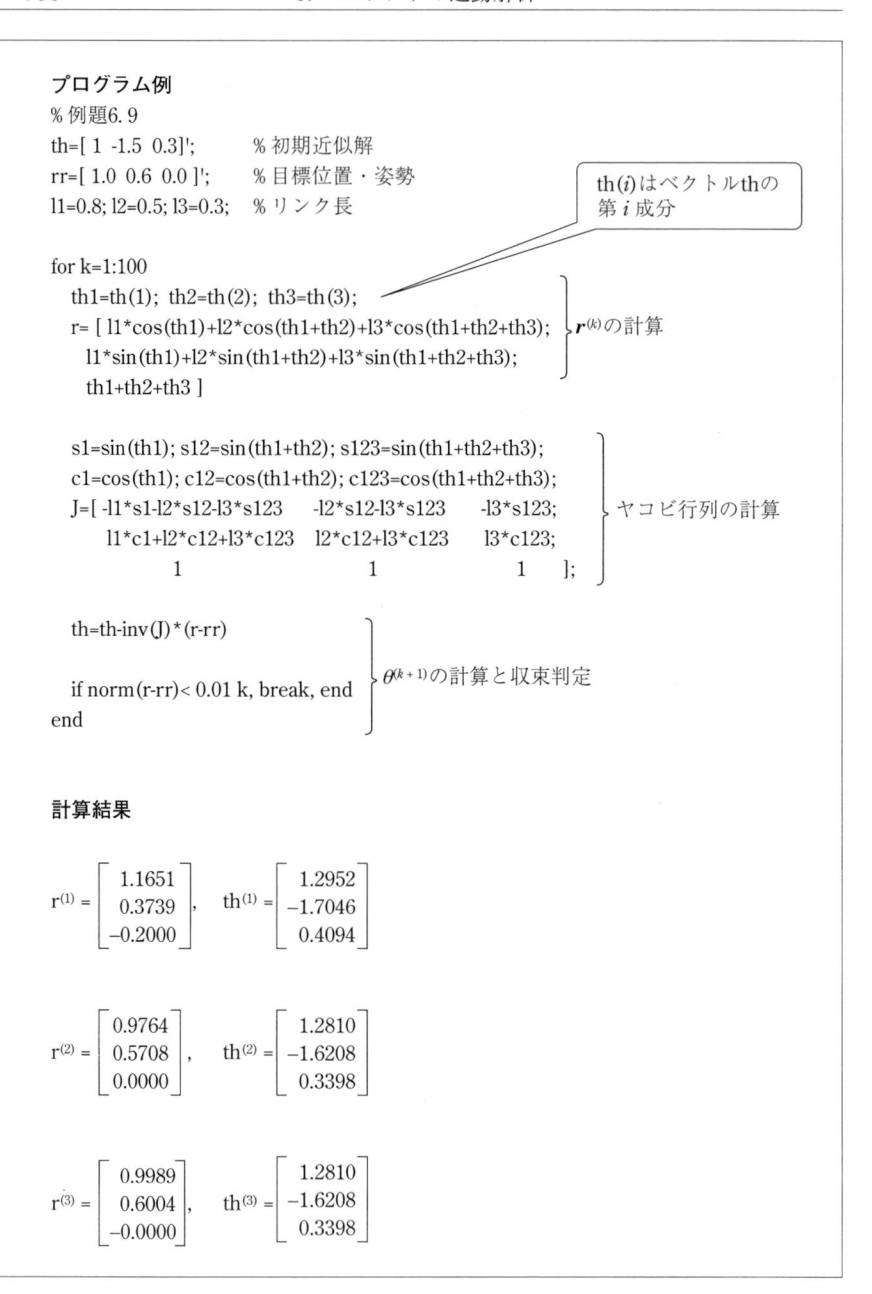

$$r^{(2)} = \begin{bmatrix} 0.9764 \\ 0.5708 \\ 0.0000 \end{bmatrix}, \quad th^{(2)} = \begin{bmatrix} 1.2810 \\ -1.6208 \\ 0.3398 \end{bmatrix}$$

$$r^{(3)} = \begin{bmatrix} 0.9989 \\ 0.6004 \\ -0.0000 \end{bmatrix}, \quad th^{(3)} = \begin{bmatrix} 1.2810 \\ -1.6208 \\ 0.3398 \end{bmatrix}$$

図6.13 ヤコビ行列を用いた逆運動学（MATLABを用いた例）

6.4 立体ロボット機構の運動解析

3次元空間で動作するロボットを対象に，同次変換行列を用いたロボット機構の解析を行う．すでに6.3節までに述べたように，ロボットを構成する各リンクに局所座標系を固定し，同次変換行列を用いて先端の位置ベクトルを全体座標系での表示に変換する．

6.4.1 順 運 動 学

図6.14に示すロボットアームついて考えよう．図6.14に示すように，全体座標系をΣ_0とし，各リンクにそれぞれ座標系Σ_1，Σ_2，Σ_3をとる．第2，第3アームがx_0軸と平行になる姿勢を初期姿勢，すなわち，$\theta_1 = \theta_2 = \theta_3 = 0$としよう．

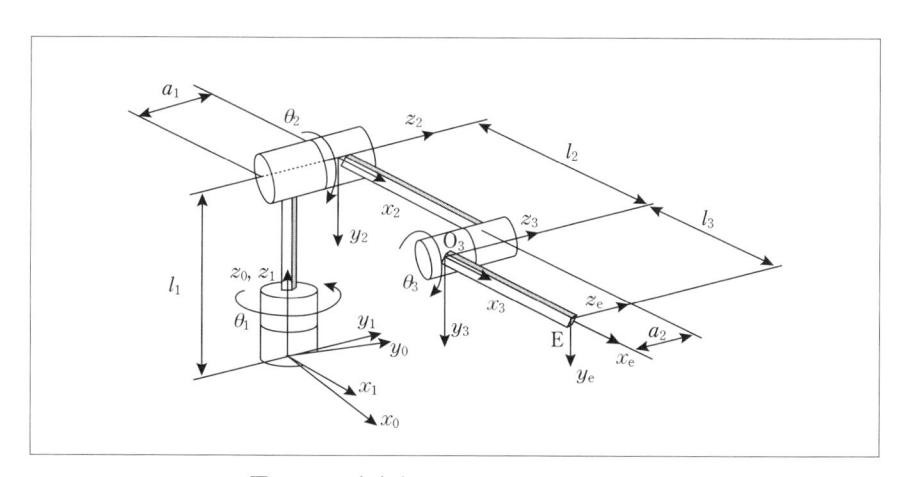

図6.14 3自由度ロボットアームの運動解析

各座標系のとり方についてはいくつかの流儀があるが，本書では原則として，Σ_i座標系の原点を第iリンクの根元に，z_i軸を第i関節の動作軸（回転関節の場合は回転，直動関節の場合は直動軸）方向に，x_i軸を第iリンクの長手方向に（ただし，第i関節の回転軸が第iリンクの長手方向と一致する場合はそれ

と直角方向に)，y_iをΣ_i座標系が右手系の直交座標系をなすようにとることにする。また，回転関節の回転角度は，z軸に対して右ねじ方向を正方向にとる。

以下に，各座標系間の同次変換行列を順に求めてみよう。

座標系Σ_1は座標系Σ_0をz_0軸回りにθ_1回転させたものであるから，Σ_1からΣ_0への同次変換行列${}^0T_1$は次式となる。

$$
{}^0T_1 = \begin{bmatrix} C_1 & -S_1 & 0 & 0 \\ S_1 & C_1 & 0 & 0 \\ 0 & 0 & 1 & 0 \\ 0 & 0 & 0 & 1 \end{bmatrix}
\tag{6.51}
$$

座標系Σ_2は，まずΣ_1を，Σ_1座標系でみて$(0, a_1, l_1)$方向へ平行移動させた上，x_1軸回りに$-\pi/2$回転させ(この結果できた座標系をΣ_Aとする)，つぎに座標系Σ_Aをz_A軸回りにθ_2回転させたものである。したがって，Σ_2からΣ_1への同次変換行列${}^1T_2$は次式となる。

$$
\begin{aligned}
{}^1T_2 &= {}^1T_A{}^AT_2 \\
&= \begin{bmatrix} 1 & 0 & 0 & 0 \\ 0 & \cos\left(-\dfrac{\pi}{2}\right) & -\sin\left(-\dfrac{\pi}{2}\right) & a_1 \\ 0 & \sin\left(-\dfrac{\pi}{2}\right) & \cos\left(-\dfrac{\pi}{2}\right) & l_1 \\ 0 & 0 & 0 & 1 \end{bmatrix} \begin{bmatrix} C_2 & -S_2 & 0 & 0 \\ S_2 & C_2 & 0 & 0 \\ 0 & 0 & 1 & 0 \\ 0 & 0 & 0 & 1 \end{bmatrix} \\
&= \begin{bmatrix} C_2 & -S_2 & 0 & 0 \\ 0 & 0 & 1 & a_1 \\ -S_2 & -C_2 & 0 & l_1 \\ 0 & 0 & 0 & 1 \end{bmatrix}
\end{aligned}
\tag{6.52}
$$

あるいは，幾何学的考察から，座標系Σ_1からみた座標系Σ_2の原点の位置ベクトルから${}^1T_2$の第4列を求め，座標系Σ_1からみた座標系Σ_2の基底ベクトル${}^1i_2$, ${}^1j_2$, ${}^1k_2$から${}^1T_2$の第1, 2, 3列を求めてもよい。

したがって

$${}^0T_2 = {}^0T_1{}^1T_2$$

$$= \begin{bmatrix} C_1C_2 & -C_1S_2 & -S_1 & -a_1S_1 \\ S_1C_2 & -S_1S_2 & C_1 & a_1C_1 \\ -S_2 & -C_2 & 0 & l_1 \\ 0 & 0 & 0 & 1 \end{bmatrix} \tag{6.53}$$

座標系 Σ_3 は，座標系 Σ_2 を x_2 軸に沿って l_2，z_2 軸に沿って $-a_2$ 移動させ，さらに z_3 軸回りに θ_3 回転させたものであるから

$$^2T_3 = \begin{bmatrix} C_3 & -S_3 & 0 & l_2 \\ S_3 & C_3 & 0 & 0 \\ 0 & 0 & 1 & -a_2 \\ 0 & 0 & 0 & 1 \end{bmatrix} \tag{6.54}$$

よって

$$^0T_3 = {}^0T_2{}^2T_3$$
$$= \begin{bmatrix} C_1C_{23} & -C_1S_{23} & -S_1 & l_2C_1C_2 + (-a_1 + a_2)S_1 \\ S_1C_{23} & -S_1S_{23} & C_1 & l_2S_1C_2 + (a_1 - a_2)C_1 \\ -S_{23} & -C_{23} & 0 & l_1 - l_2S_2 \\ 0 & 0 & 0 & 1 \end{bmatrix} \tag{6.55}$$

したがって，全体座標系 Σ_0 からみた x_3 軸，y_3 軸，z_3 軸方向の単位ベクトル $^0\boldsymbol{i}_3$, $^0\boldsymbol{j}_3$, $^0\boldsymbol{k}_3$ はつぎのようになる。

$$^0\boldsymbol{i}_3 = \begin{bmatrix} C_1C_{23} \\ S_1C_{23} \\ -S_{23} \end{bmatrix}, \quad ^0\boldsymbol{j}_3 = \begin{bmatrix} -C_1S_{23} \\ -S_1S_{23} \\ -C_{23} \end{bmatrix}, \quad ^0\boldsymbol{k}_3 = \begin{bmatrix} -S_1 \\ C_1 \\ 0 \end{bmatrix} \tag{6.56}$$

また，ロボットアーム先端の点 E の位置は，座標系 Σ_3 からみると $^3\boldsymbol{p}_E = (l_3 \ 0 \ 0)^t$ であるから，全体座標系 Σ_0 からみるとつぎのように表現できる。

$$\begin{bmatrix} ^0\boldsymbol{p}_E \\ 1 \end{bmatrix} = {}^0T_3 \begin{bmatrix} ^3\boldsymbol{p}_E \\ 1 \end{bmatrix}$$

$$= \begin{bmatrix} l_3 C_1 C_{23} + l_2 C_1 C_2 + (-a_1 - a_2) S_1 \\ l_3 S_1 C_{23} + l_2 S_1 C_2 + (a_1 - a_2) C_1 \\ -l_3 S_{23} + l_1 - l_2 S_2 \\ 1 \end{bmatrix} \tag{6.57}$$

6.4.2 逆運動学

前述したように，シリアルマニピュレータの逆運動学を解析的に求めるのは一般には容易ではない．ここでは簡単のため，$a_1 = a_2$, $l_1 = l_2 = l_3 = l$ として，逆運動学解析を行う．

先端の点Eの目標位置が全体座標系でみて，r_x, r_y, r_z で与えられるとして，それを実現する各関節角 θ_1, θ_2, θ_3 を求めよう．

式 (6.57) で $a_1=a_2$, $l_1 = l_2 = l_3 = l$ とおくことで次式を得る．

$$r_x = l C_1 C_{23} + l C_1 C_2 \tag{6.58}$$
$$r_y = l S_1 C_{23} + l S_1 C_2 \tag{6.59}$$
$$r_z = l - l S_2 - l S_{23} \tag{6.60}$$

まず，式 (6.58) と式 (6.59) から

$$r_x S_1 = r_y C_1 \tag{6.61}$$

ゆえに

$$\theta_1 = \mathrm{atan2}(\pm r_y, \pm r_x) \tag{6.62}$$

これより，$C_1 = \pm r_x / \sqrt{r_x^2 + r_y^2}$ であるから，式 (6.58) は次式となる．

$$r_x^2 + r_y^2 = l^2 (C_{23} + C_2)^2 \tag{6.63}$$

一方，式 (6.60) から

$$(r_z - l)^2 = l^2 (S_2 + S_{23})^2 \tag{6.64}$$

式 (6.63) と式 (6.64) を足し合わせ，変形することによって次式を得る．

$$C_3 = \frac{r_x^2 + r_y^2 + (r_z - l)^2}{2 l^2} - 1 \tag{6.65}$$

したがって

$$\theta_3 = \pm \mathrm{atan2}\left(\sqrt{1 - k_1^2}, k_1\right) \tag{6.66}$$

ただし，$k_1 = \dfrac{r_x^2 + r_y^2 + (r_z - l)^2}{2l^2} - 1$

また，式 (6.63) と式 (6.64) から C_{23} と S_{23} を消去して変形すると次式を得る。

$$\sqrt{r_x^2 + r_y^2}\, C_2 + (r_z - l)S_2 = \pm \dfrac{r_x^2 + r_y^2 + (r_z - l)^2}{2l} \tag{6.67}$$

したがって

$$\theta_2 = \operatorname{atan2}\left(r_z - l, \sqrt{r_x^2 + r_y^2}\right) \pm \operatorname{atan2}(k_2, k_3) \tag{6.68}$$

ただし

$$k_2 = \sqrt{r_x^2 + r_y^2 + (r_z - l)^2 - \left\{\dfrac{r_x^2 + r_y^2 + (r_z - l)^2}{2l}\right\}^2}$$

$$k_3 = \pm \dfrac{r_x^2 + r_y^2 + (r_z - l)^2}{2l}$$

以上の計算では θ_1, θ_2, θ_3 の組合せにより計8通りの解の候補が得られるが，すべての組合せが解となるわけではない。実際には，それぞれの組合せを元の式 (式 (6.58) ～ (6.60)) に代入して，成立するかの判断が必要である。本例では，図 **6.15** に示す4通りの姿勢がある。図では，各リンクの向きを示す

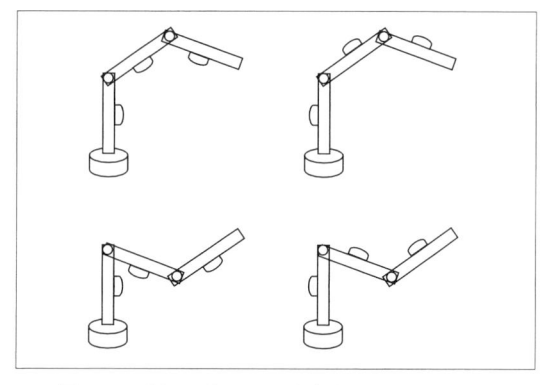

図 **6.15** 例題で扱った3自由度ロボットアームの四つの解

ために ⌒ の記号を各リンクにつけてある。

6.4.3　ヤコビ行列

6.3節で行った平面ロボットのヤコビ行列の説明を3次元空間を動くロボットに拡張しよう。6.4.2項と同じように，図6.14に示すロボットを例にとり，簡単のために，$a_1 = a_2$, $l_1 = l_2 = l_3 = l$ とする。

(a) ヤコビ行列の導出

各関節の微小変位を $\delta\theta_1$, $\delta\theta_2$, $\delta\theta_3$, ロボットアーム先端Eの微小変位（δx, δy, δz）として，これらの関係について考える。なお，δx, δy, δz の代わりに，先端の方向の微小変化を考えてもよいが，独立な変数は3なのでここでは，δx, δy, δz について考える。

$$\begin{bmatrix} \delta x \\ \delta y \\ \delta z \end{bmatrix} = \boldsymbol{J} \begin{bmatrix} \delta\theta_1 \\ \delta\theta_2 \\ \delta\theta_3 \end{bmatrix} \tag{6.69}$$

とすると，式 (6.57) から

$$\boldsymbol{J} = \begin{bmatrix} -lS_1(C_{23} + C_2) & -lC_1(S_{23} + S_2) & -lC_1 S_{23} \\ lC_1(C_{23} + C_2) & -lS_1(S_{23} + S_2) & -lS_1 S_{23} \\ 0 & -l(C_{23} + C_2) & -lC_{23} \end{bmatrix} \tag{6.70}$$

(b) 特異姿勢の算出

det $\boldsymbol{J}$ を計算すると次式となる。

$$\det \boldsymbol{J} = l^3 S_3 (C_{23} + C_2) \tag{6.71}$$

したがって，以下の条件で特異姿勢となることがわかる。

$\theta_3 = 0$ 　または　 π

$C_{23} + C_2 = 0$ \hfill (6.72)

図6.16から直観的にもわかるように，図 (a) の場合は，アーム先端Eはアーム軸方向には動くことができない。図 (b) の場合は，アーム先端は，紙面に垂直方向には動けない。いずれの場合も，アーム先端は3自由度を持つことができず，自由度が縮退していることがわかる。

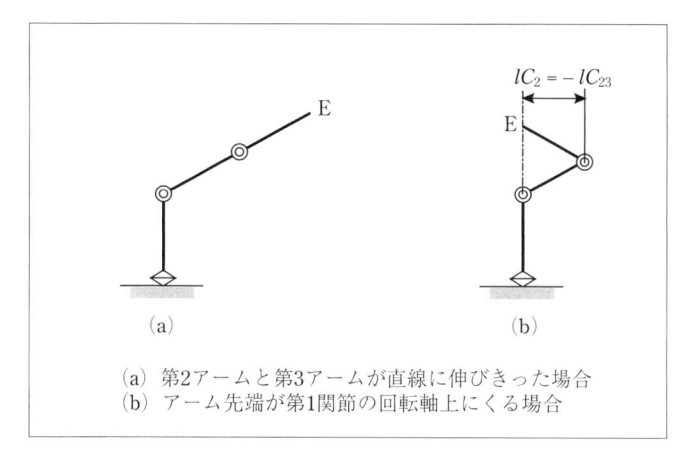

6.4 立体ロボット機構の運動解析　143

(a) 第2アームと第3アームが直線に伸びきった場合
(b) アーム先端が第1関節の回転軸上にくる場合

図6.16　式（6.72）が示す特異姿勢

(c) ヤコビ行列を用いた力解析

図6.14の先端Eに働く外力 $\boldsymbol{f} = (f_x, f_y, f_z)^t$ によって各関節 J_1, J_2, J_3 に生じるトルク $\boldsymbol{t} = (t_1, t_2, t_3)^t$ を求めよう。平面アームの項で述べた式がそのまま適用できる。すなわち

$$\boldsymbol{t} = \boldsymbol{J}^t \boldsymbol{f} = \begin{bmatrix} -lS_1(C_{23}+C_2) & lC_1(C_{23}+C_2) & 0 \\ -lC_1(S_{23}+S_2) & -lS_1(S_{23}+S_2) & -l(C_{23}+C_2) \\ -lC_1 S_{23} & -lS_1 S_{23} & -lC_{23} \end{bmatrix} \begin{bmatrix} f_x \\ f_y \\ f_z \end{bmatrix} \quad (6.73)$$

比較のために，ベクトルの外積を用いた計算法を章末の補足6.1に示す。

(d) ヤコビ行列の幾何学的意味

6.3節では，平面ロボットのヤコビ行列を幾何学的に導く方法を述べた。そこでの考え方は立体的に動作するロボットの場合に拡張することができる。

図6.17に示すように n 個の回転関節からなるロボットアームについて考えてみよう。第 i 関節が $\delta\theta_i$ 微小回転することによって生じるロボット先端の微小変位 $\delta\boldsymbol{p}_e$ は $\delta\theta_i\, ^0\boldsymbol{z}_i \times (^0\boldsymbol{p}_e - {^0\boldsymbol{p}_i})$ で与えられる。また，ロボット先端の微小角度変化 $\delta\boldsymbol{\omega}_e$ は $\delta\theta_i\, ^0\boldsymbol{z}_i$ となる（章末の補足6.2を参照）。ここで，$^0\boldsymbol{p}_i$ は，第 i 関節の位置，$^0\boldsymbol{z}_i$ はその回転軸を示すベクトルを表す。いずれも全体座標系 Σ_0 での表示とする。

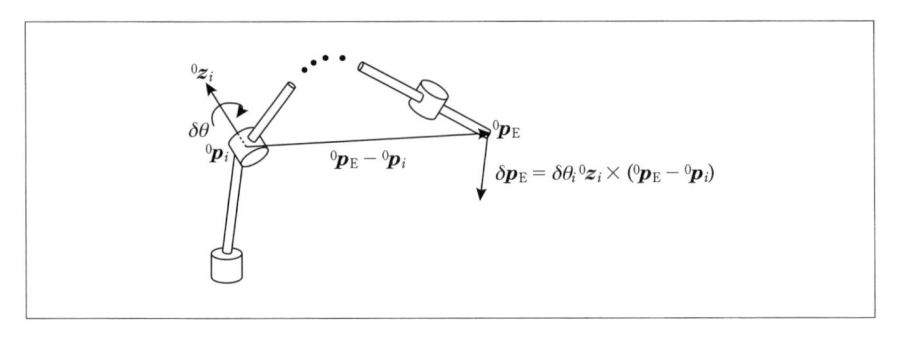

図6.17 ヤコビ行列の幾何学的な考察

他の関節が動作した効果を足し合わせることで，次式のようにヤコビ行列を得ることができる．

$$\begin{bmatrix} \delta \boldsymbol{p}_E \\ \delta \boldsymbol{\omega}_E \end{bmatrix} = \begin{bmatrix} {}^0\boldsymbol{z}_1 \times ({}^0\boldsymbol{p}_E - {}^0\boldsymbol{p}_1) & {}^0\boldsymbol{z}_2 \times ({}^0\boldsymbol{p}_E - {}^0\boldsymbol{p}_2) & \cdots & {}^0\boldsymbol{z}_n \times ({}^0\boldsymbol{p}_E - {}^0\boldsymbol{p}_n) \\ {}^0\boldsymbol{z}_1 & {}^0\boldsymbol{z}_2 & \cdots & {}^0\boldsymbol{z}_n \end{bmatrix} \begin{bmatrix} \delta \theta_1 \\ \delta \theta_2 \\ \vdots \\ \delta \theta_n \end{bmatrix}$$

(6.74)

例題 6.10　幾何学的考察に基づくヤコビ行列の算出

式 (6.74) に基づいて図6.14のロボットのヤコビ行列を導け．ただし，$a_1 = a_2 = a$，$l_1 = l_2 = l_3 = l$ とする．

解答　${}^0\boldsymbol{z}_i$，${}^0\boldsymbol{p}_i$ は，それぞれ，${}^0\boldsymbol{T}_i$ の第3列および第4列に示されている（$i = 1, 2, 3$）．すなわち，式 (6.51)，(6.53)，(6.55) から

$${}^0\boldsymbol{p}_1 = \begin{bmatrix} 0 \\ 0 \\ 0 \end{bmatrix}, \quad {}^0\boldsymbol{p}_2 = \begin{bmatrix} -aS_1 \\ aC_1 \\ l \end{bmatrix}, \quad {}^0\boldsymbol{p}_3 = \begin{bmatrix} lC_1C_2 \\ lS_1C_2 \\ l - lS_2 \end{bmatrix}$$

$${}^0\boldsymbol{z}_1 = \begin{bmatrix} 0 \\ 0 \\ 1 \end{bmatrix}, \quad {}^0\boldsymbol{z}_2 = \begin{bmatrix} -S_1 \\ C_1 \\ 0 \end{bmatrix}, \quad {}^0\boldsymbol{z}_3 = \begin{bmatrix} -S_1 \\ C_1 \\ 0 \end{bmatrix}$$

また，式 (6.57) より

6.4 立体ロボット機構の運動解析

$$ {}^0\boldsymbol{p}_E = \begin{bmatrix} lC_1C_{23} + lC_1C_2 \\ lS_1C_{23} + lS_1C_2 \\ -lS_{23} + l - lS_2 \end{bmatrix} $$

以上を式（6.74）に代入すると次式が得られる．

$$ \begin{bmatrix} \delta x_E \\ \delta y_E \\ \delta z_E \\ \delta \theta_{Ex} \\ \delta \theta_{Ey} \\ \delta \theta_{Ez} \end{bmatrix} = \begin{bmatrix} -lS_1(C_{23}+C_2) & -lC_1(S_{23}+S_2) & -lC_1S_{23} \\ lC_1(C_{23}+C_2) & -lS_1(S_{23}+S_2) & -lS_1S_{23} \\ 0 & -l(C_{23}+C_2) & -lC_{23} \\ 0 & -S_1 & -S_1 \\ 0 & C_1 & C_1 \\ 1 & 0 & 0 \end{bmatrix} \begin{bmatrix} \delta \theta_1 \\ \delta \theta_2 \\ \delta \theta_3 \end{bmatrix} $$

◇

6.3.3項では，式（6.69），（6.70）に記したように，ロボット先端の位置の微小変化 δx_E, δy_E, δz_E のみに注目したが，このように，さらに先端の微小姿勢変化 $\delta \theta_{Ex}$, $\delta \theta_{Ey}$, $\delta \theta_{Ez}$ との関係も明らかになる．ただし，δx_E, δy_E, δz_E, $\delta \theta_{Ex}$, $\delta \theta_{Ey}$, $\delta \theta_{Ez}$ のうち独立なのは三つの値のみである．

---------------------------------- 補　足 ----------------------------------

補足6.1　モーメントの別算出法

多くの力学の教科書では，モーメントは，荷重ベクトルと支点から荷重点までのベクトルの外積として求めるのが一般的である．力学およびこれまでの座標変換の復習を兼ねて，この方法で式（6.73）を求めてみよう．ここでは，例として第2関節に働くモーメントを導くことにする．

第2関節の位置ベクトルを $\boldsymbol{p}_2$ とする．${}^0\boldsymbol{p}_2$ は ${}^0\boldsymbol{T}_2$ の第4列に表されるので，式（6.53）から

$$ {}^0\boldsymbol{p}_2 = \begin{bmatrix} -aS_1 \\ aC_1 \\ l \end{bmatrix} $$

左肩の0は全体座標系 Σ_0 での表示を意味する．

一方，ロボット先端の位置ベクトル $\boldsymbol{p}$ および荷重ベクトル $\boldsymbol{f}$ は次式で表される．

$$ {}^0\boldsymbol{p} = \begin{bmatrix} lC_1C_{23} + lC_1C_2 \\ lS_1C_{23} + lS_1C_2 \\ -lS_{23} + l - lS_2 \end{bmatrix}, \quad {}^0\boldsymbol{f} = \begin{bmatrix} f_x \\ f_y \\ f_z \end{bmatrix} $$

したがって，第2関節に生じるモーメント m_2 を x_0, y_0, z_0 軸回りの成分で求めるとつぎのようになる．

$$
\begin{aligned}
{}^0\boldsymbol{m}_2 &= ({}^0\boldsymbol{p}_E - {}^0\boldsymbol{p}_2) \times {}^0\boldsymbol{f} \\
&= \begin{bmatrix} {}^0\boldsymbol{i} & {}^0\boldsymbol{j} & {}^0\boldsymbol{k} \\ lC_1C_{23} + lC_1C_2 + aS_1 & lS_1C_{23} + lS_1C_2 - aC_1 & -lS_{23} - lS_2 \\ f_x & f_y & f_z \end{bmatrix} \\
&= \begin{bmatrix} (lS_1C_{23} + lS_1C_2 - aC_1)f_z + (lS_{23} + lS_2)f_y \\ -(lS_{23} + lS_2)f_x - (lC_1C_{23} + lC_1C_2 + aS_1)f_z \\ (lC_1C_{23} + lC_1C_2 + aS_1)f_y - (lS_1C_{23} + lS_1C_2 - aC_1)f_x \end{bmatrix}
\end{aligned}
$$

これを座標系 Σ_2 での表示，すなわち x_2, y_2, z_2 軸回りでの成分表示に変換すると

$$
\begin{aligned}
\begin{bmatrix} {}^2\boldsymbol{m}_2 \\ 1 \end{bmatrix} &= {}^2\boldsymbol{T}_1 {}^1\boldsymbol{T}_0 \begin{bmatrix} {}^0\boldsymbol{m}_2 \\ 1 \end{bmatrix} \\
&= \begin{bmatrix} C_2 & 0 & -S_2 & -aS_2 \\ -S_2 & 0 & -C_2 & -aC_2 \\ 0 & 1 & 0 & -l \\ 0 & 0 & 0 & 1 \end{bmatrix} \begin{bmatrix} C_1 & S_1 & 0 & 0 \\ -S_1 & C_1 & 0 & 0 \\ 0 & 0 & 1 & 0 \\ 0 & 0 & 0 & 1 \end{bmatrix} \begin{bmatrix} {}^0\boldsymbol{m}_2 \\ 1 \end{bmatrix} \\
&= \begin{bmatrix} C_1C_2 & S_1C_2 & -S_2 & -aS_2 \\ -C_1S_2 & -S_1S_2 & -C_2 & -aC_2 \\ -S_1 & C_1 & 0 & -l \\ 0 & 0 & 0 & 1 \end{bmatrix} \begin{bmatrix} (lS_1C_{23} + lS_1C_2 - aC_1)f_z + (lS_{23} + lS_2)f_y \\ -(lS_{23} + lS_2)f_x - (lC_1C_{23} + lC_1C_2 + aS_1)f_z \\ (lC_1C_{23} + lC_1C_2 + aS_1)f_y - (lS_1C_{23} + lS_1C_2 - aC_1)f_x \\ 1 \end{bmatrix} \\
&= \begin{bmatrix} m_{2x} \\ m_{2y} \\ -lC_1(S_{23} + S_2)f_x - lS_1(S_{23} + S_2)f_y - l(C_{23} + C_2)f_z \\ 1 \end{bmatrix}
\end{aligned}
$$

第3成分のみ計算結果を記したが，第1，第2，第3成分は，それぞれ x_2 軸，y_2 軸，z_2 軸回りのモーメントである．関節 J_2 を駆動するアクチュエータは z_2 軸回りのモーメントを支えることになり，その結果は式（6.73）で示した t_2 と一致することがわかる．x_2 軸および y_2 軸回りのモーメントは関節 J_2 のベアリングによって支えられる．

他の関節についても同様に計算が行える．

補足 6.2　回転する剛体上の点の変位

3次元空間における剛体の任意の回転は，方向を回転軸とし，大きさを回転量とする3次元のベクトルで表現できる。

回転軸方向の単位ベクトルを Ω，微小回転量を $\delta\theta$，回転中心の位置ベクトルを o とする。このとき，微小回転 $\delta\theta$ によって生じるこの剛体上の任意の点P（位置ベクトルを p とする）の変位 δp は，次式で与えられる。

$$\delta p = \delta\theta\, \Omega \times (p - o) \quad (\times は外積を意味する)$$

具体例でみてみよう。図 6.18 に示すように，ある剛体が y 軸に平行な軸回りに微小量 $\delta\theta$ だけ回転したとする。このとき，剛体上の，回転軸から z 方向に l 離れた点の変位 δp は以下のように計算される。

$$\Omega = (0\ 1\ 0)^t,\ p - o = (0\ 0\ l)^t$$

であるから

$$\delta p = (p - o) \times \delta\theta\, \Omega = (l\delta\theta\ \ 0\ \ 0)^t$$

となる。

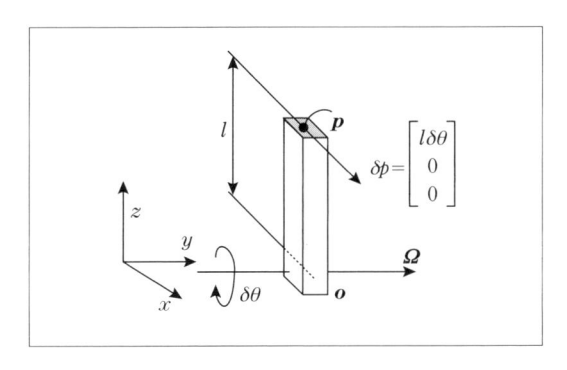

図 6.18　回転する剛体上の点の変位

演習問題

[1] 図 6.19 に示すロボット（二つの図はそれぞれ 90°異なる方向からみた図）において，図示のように座標系 Σ_0，Σ_1，Σ_2 を定義すると

(1) Σ_1 から Σ_0，Σ_2 から Σ_1 への変換行列 ${}^0T_1$，${}^1T_2$ をそれぞれ求めよ。

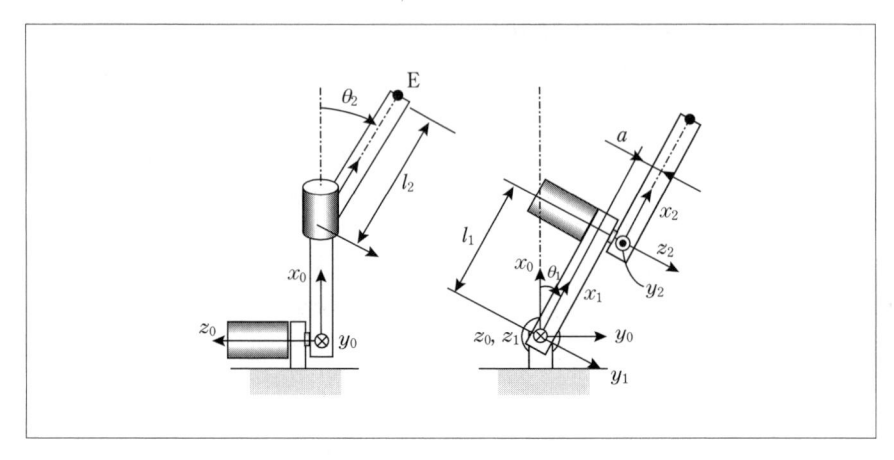

図**6.19** 2関節ロボット機構

(2) Σ_2 から Σ_0 への変換行列 $^0T_2$ を求めよ。
(3) 点Eの座標を Σ_2 座標系で表せ。
(4) 点Eの座標を Σ_0 座標系で表せ。

[2] 図**6.20**はユニバーサルジョイントを示す。傾いた回転軸の間で回転運動を伝達する。軸A, Bのなす角度を ϕ とし，軸A, Bの回転角 α, β の関係を導け。図のように二つの固定座標系 Σ_A, Σ_B をとって考えよ。図の位置を $\alpha = \beta = 0$ とする。

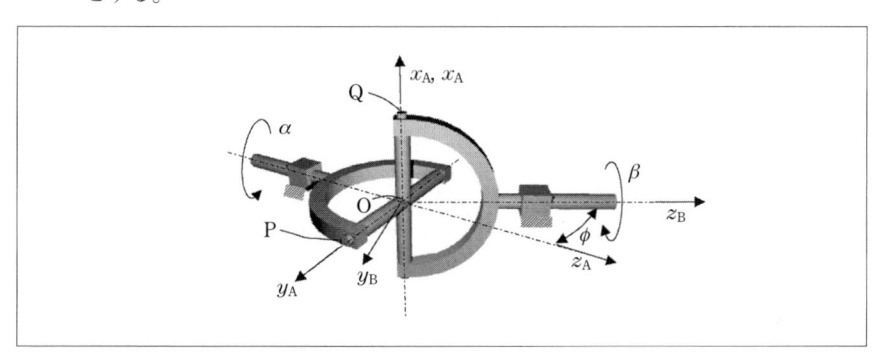

図**6.20** ユニバーサルジョイント

[3] 図**6.21**に示す機構は，モータ M_1 とボールねじによって x 軸方向に駆動されるテーブルと，このテーブル上に据え付けられたモータ M_2 によって駆動される

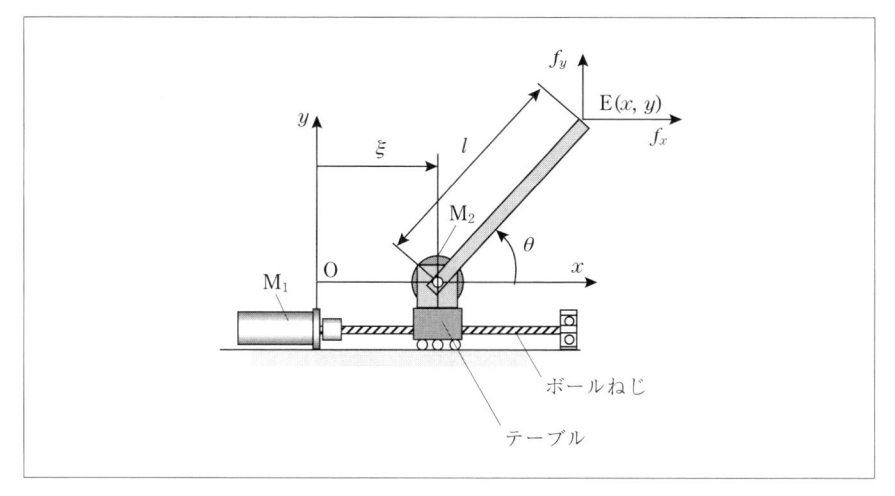

図6.21 2自由度平面機構

長さlの回転リンクからなる，2自由度の平面機構である。ただし，θは$0 \sim \pi$の範囲で動くものとする。各部の質量については考えなくてよい。

(1) リンク先端の点Eのx, y座標を，ξおよびθの関数として示せ。ξ, θはそれぞれテーブルの位置およびリンクの回転を示すパラメータで，図のように定義する。x軸はモータM_2の回転中心の高さにとる。
(2) ヤコビ行列Jを求めよ。
(3) $\det J = 0$からこの機構の特異姿勢を求めよ。
(4) 回転リンクの先端Eに外力f_x, f_yが加わるとき，f_x, f_yによってボールねじに発生するx軸方向の力 f_b，およびモータM_2に発生するトルクt_2をそれぞれ求めよ。ただし，f_x, f_y は外力のx, y方向の成分を示す。t_2は，図において半時計回りを正にとる。
(5) 外力f_x, f_y に対抗してテーブルを$-x$方向に動かすのに最低必要なモータM_1の発生トルクt_1の大きさを求めよ。ただし，リード（ボールねじを1回転させたときにテーブルが進むx軸方向の変位）をp，伝達効率をηとする。

[4] 図6.22に示すロボットは二つの回転関節J_1, J_3と，直動（伸縮）関節J_2から構成され，x–y平面内で動作する。

このロボットについて
(1) 順運動学を解け。
(2) ヤコビ行列から特異点を求めよ。

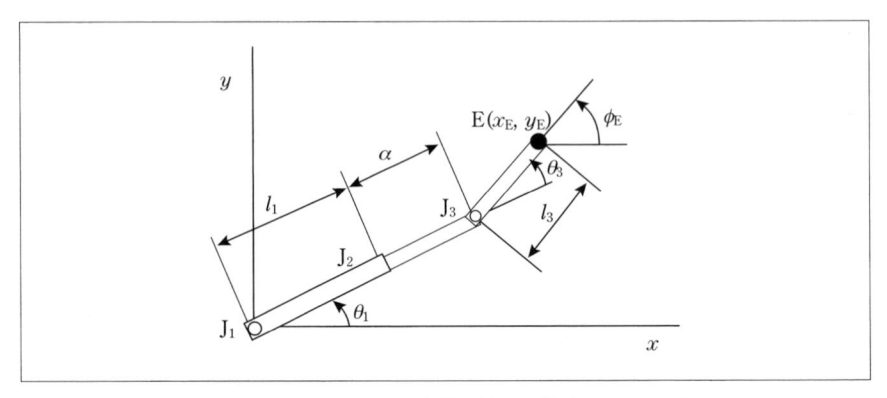

図6.22 二つの回転関節と一つの直動関節から構成されるロボットアーム

(3) 点Eに，x軸方向に力f_xが加わるとき，関節J_1，J_3に発生するトルクおよび関節J_2の軸力を求めよ。

ただし，図に示すように，各関節の動作をθ_1，α，θ_3，ロボットアーム先端Eの位置と姿勢x_E，y_E，ϕ_Eとし，長さ固定の二つのリンクの長さをl_1，l_3とする。ϕ_E，θ_1，θ_3は反時計回りを正にとる。

[**5**] 本文で例として扱った3自由度のロボット（図6.11）についてさらに考えよう。図6.23に示すようにロボットの先端に回転ブラシを取り付けて，ガラスを磨くことにする。ガラス板は図において，$x = 1$〔m〕，$y = 0$〔m〕と，$x = 0$〔m〕，$y = 1$〔m〕を結んだ直線に沿って設置されている。各リンクの長さを

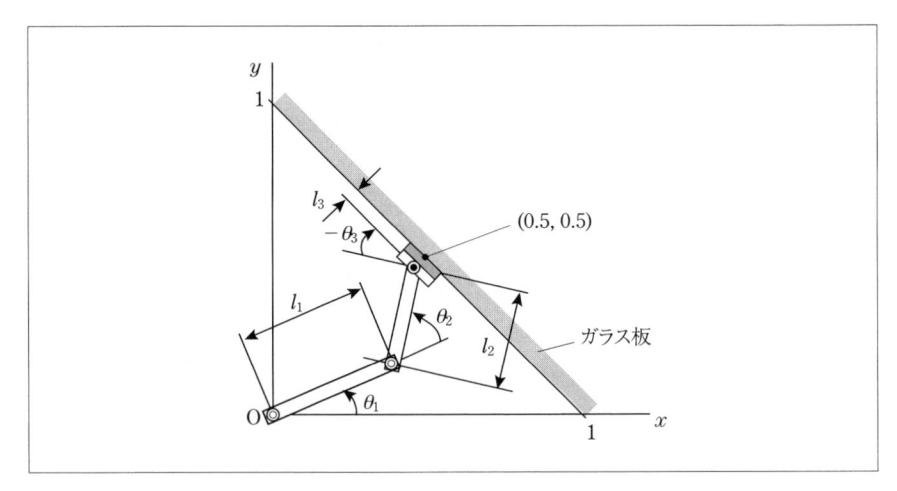

図6.23 ガラス板の磨き作業の例

図に示すように，$l_1 = 0.4$ [m]，$l_2 = 0.3$ [m]，ブラシの厚みを$l_3 = 0.05$ [m] として，以下の問いに順に答えよ．

(1) ブラシの先端中央を，$x = 0.5$ [m]，$y = 0.5$ [m]の位置へ持っていくための各関節角θ_1, θ_2, θ_3を求めよ．ただし，ブラシはガラスに垂直に押し当てることとする．

(2) (1)において，1 [N]の力でブラシをガラスに垂直方向に押し付けるために，各関節に発生させるべきトルクをそれぞれ求めよ．

(3) (1)の状態から，ブラシの姿勢を保ったまま，ガラスに沿ってブラシを図で左上方向に微小量 $(-\delta s, \delta s)$ 動かすためには，各関節をどれだけ動かせばよいか．

[6] 図6.24はスチュワートプラットフォームと呼ばれる代表的なパラレルロボット機構の一つである．図1.5に示した6軸ステージや図5.1に示したパラレルロボットでも使われている．

これは，ベースと可動テーブル間が6本の油圧シリンダで結ばれた機構で，この6本のシリンダの長さの制御により，テーブルは6自由度の動きを行う．

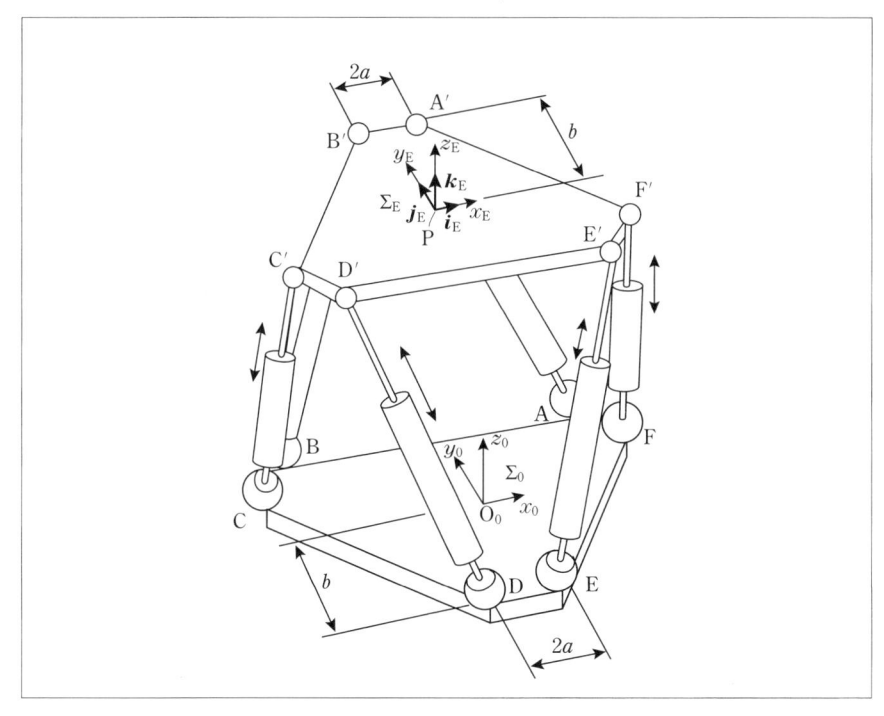

図6.24 スチュワートプラットフォーム

A'～F'部ではピストン先端とテーブルは球面軸受けにより3自由度の回転対偶で結び付けられている．A～F部ではシリンダとベースはユニバーサルジョイントにより2自由度の回転対偶で結び付けられている．

図に示すように，全体座標系Σ_0をベースの中心に，座標系Σ_Eを可動テーブルの中心に固定する．

(1) 各シリンダのベースおよびテーブルへの取り付け位置をそれぞれ全体座標系Σ_0と座標系Σ_Eで示せ．

(2) テーブルの姿勢を${}^0\boldsymbol{i}_E = (1\ 0\ 0)^t,\ {}^0\boldsymbol{j}_E = (0\ 1\ 0)^t,\ {}^0\boldsymbol{k}_E = (0\ 0\ 1)^t$，位置を${}^0\boldsymbol{p}_E = (p_x,\ p_y,\ p_z)^t$とするための各シリンダの長さAA'，BB'，…，FF'を求めよ．

(3) (2)の状態から，テーブルをy_0軸回りにθ回転させたときの各シリンダの長さAA'，BB'，…，FF'を求めよ．

[7] 図6.25の6自由度の多関節ロボットアームについて，点O_6の座標$\boldsymbol{p}_6$および座標系Σ_6の$x_6,\ y_6,\ z_6$軸方向の単位ベクトル$\boldsymbol{i}_6,\ \boldsymbol{j}_6,\ \boldsymbol{k}_6$を全体座標系$\Sigma_0$で表せ．また，先端の点Eの座標$\boldsymbol{p}_E$も全体座標系$\Sigma_0$で表せ．各リンクの長さはそれぞれ，$l_1,\ l_2,\ l_3$とする．座標系$\Sigma_1,\ \Sigma_2,\ \Sigma_3,\ \Sigma_4,\ \Sigma_5,\ \Sigma_6$は各リンクに図示のよう

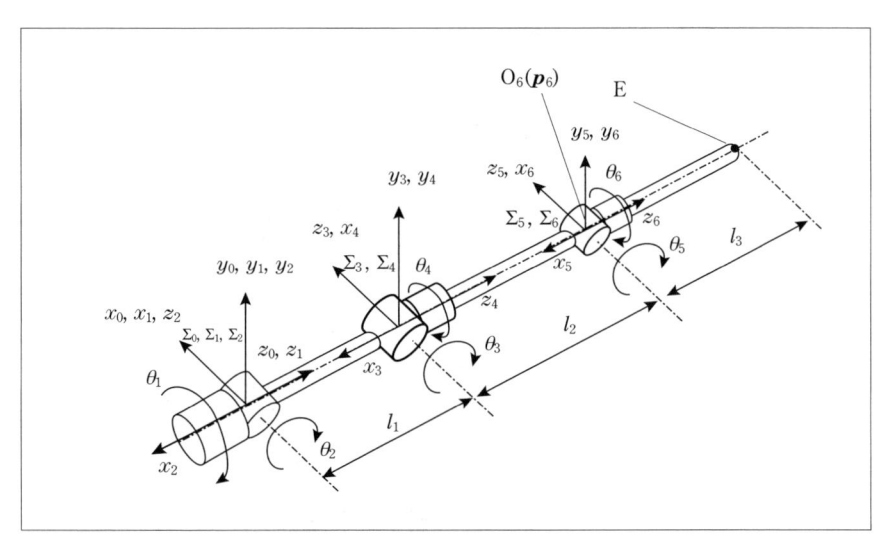

図6.25　多関節ロボットアーム

に固定する．図の状態を$\theta_1 = \theta_2 = \theta_3 = \theta_4 = \theta_5 = \theta_6 = 0$とする．

演習問題解答

1 章

[1] 図**A.1**（a）および（b）のように，A〜Fの6個の機素からなる．機構の自由度を計算すると$f = 3(6 - 1) - 2 \times 7 = 1$となる．

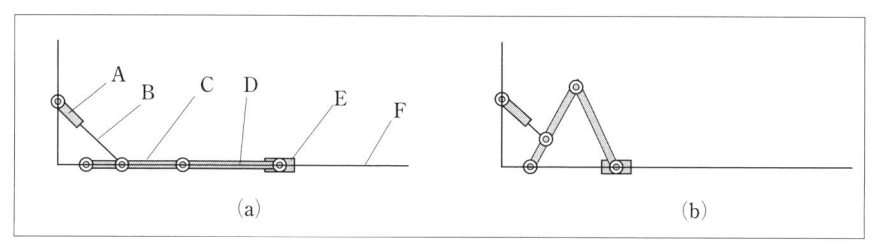

図**A.1** バスの扉の開閉機構

[2] 図**A.2**のように，四つの機素A，B，C，Dで平行リンクが形成されている．したがって，リンクAと一体になったワイパブレードA'は垂直の姿勢を保った

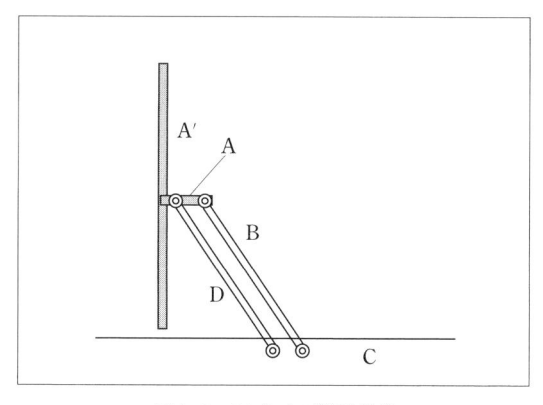

図**A.2** ワイパの駆動機構

まま，動作する。
- [3] (a) の脚立の自由度は0。(b) の機構の自由度は1。したがって，(b) の機構は姿勢が固定されず，脚立として機能しない。
- [4] $f = 3(3 - 1) - 2 \times 2 - 1 \times 1 = 1$
- [5] 二つの歯車のかみあいは自由度1の対偶である。しかし，式（1.1）を適用すると，$n = 3$, $p_1 = 3$, $p_2 = 0$ から，機構の自由度は $f = 0$ となる。これは，**図A.3** から理解できる。円形の歯車からなる機構は，歯車がその中心で回転支持され，かつ中心間距離が両歯車のピッチ円の半径の和に等しいという特殊な寸法の場合のみに動く。

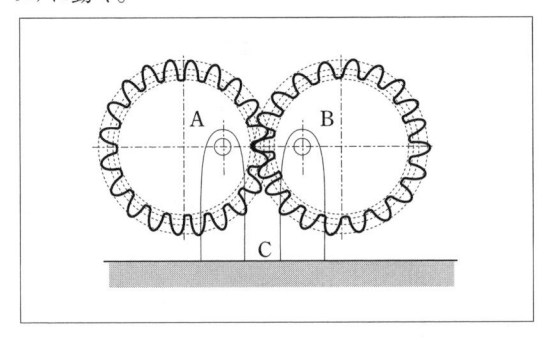

図A.3　動かない歯車機構

- [6] テーブルとピストン間，および据え付け地面とシリンダ間でなす対偶の自由度をそれぞれ a, b とする。

    機素数は14，自由度は6であるから，$6 = 6 \times (14 - 1) - (6 - a) \times 6 - (6 - b) \times 6 - 5 \times 6$ より，$a + b = 5$。

    実際には，キャビンとピストンは，球面軸受け(3自由度)，据え付け地面とシリンダはユニバーサルジョイント(2自由度)で構成される場合が多い。
- [7] Bとピストンがなす対偶の自由度を a とすると
$$3 = 6 \times (8 - 1) - 5 \times 6 - (6 - a) \times 3$$
$$\therefore\ a = 3$$
したがって例えば球面軸受けで連結すればよい。
- [8] 一頂点には五つの機素が集まりたがいに球面対偶をなす。このように複数の機素が一つの点においてたがいに対偶をなす場合，一つの機素に対して他の四つの機素が四つの球面対偶をそれぞれ形成すると考える。したがって

演習問題解答

$$f = 6 \times (60 - 1) - 5 \times 30 - 3 \times 4 \times 12$$
$$= 60$$

このうち，30はシリンダの伸縮に伴う変形の自由度で，シリンダの駆動により制御される。残り30はシリンダとピストンがその軸周りに一体になって回転する自由度で，本来は存在するべきものではないが，現実の設計製作上の問題から，現在のモデルではこの自由度を許している。ただし，この自由度は多面体の形には影響しない。

実際の頂点はどのように構成されるのだろうか。実際には図**A.4**に示すように，連結部材を介し，5本の機素が球面対偶で連結されている。ここでは，連結部材は十分に小さく，その動きは考えないことにして，上記のようなモデルで議論した。もし，連結部材の動きも解析の必要があれば，これも一つの機素として考慮する必要がある。

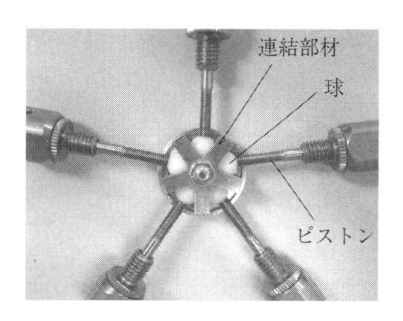

図**A.4** アクティブ多面体[22]の連結部

[9] 図**A.5**参照。

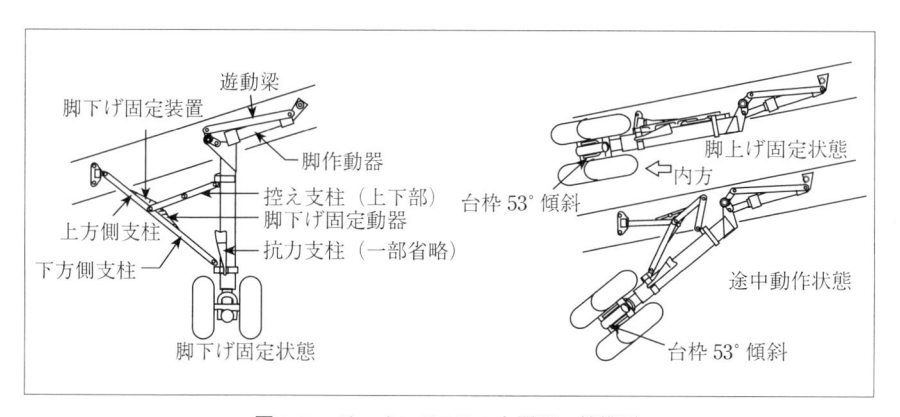

図**A.5** ボーイング747の主翼脚の機構[25]

2 章

[1] $f = 3(n-1) - 2p_1 - p_2$ において，$f=1$, $p_2=0$, $n=p_1$（∵閉ループ機構）とすると，$n=4$。

[2] 往復両スライダクランク機構，回り両スライダクランク機構，固定両スライダクランク機構が得られる（**図A.6**参照）。

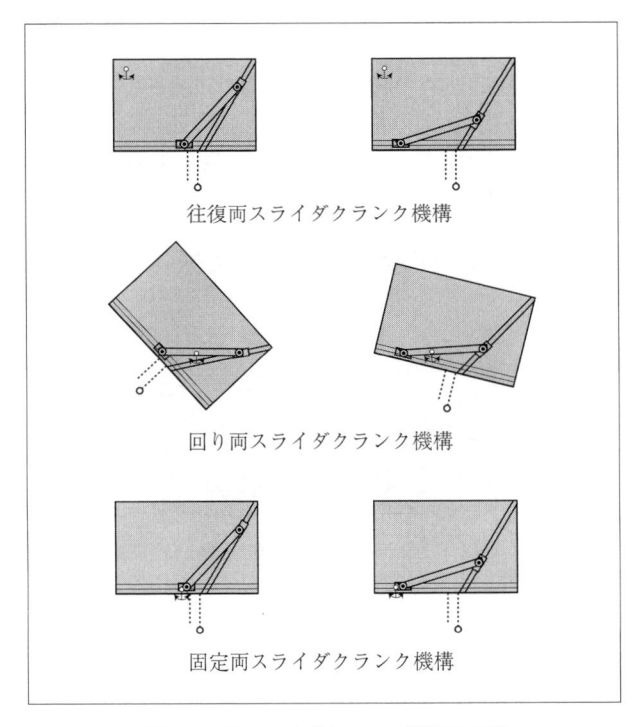

往復両スライダクランク機構

回り両スライダクランク機構

固定両スライダクランク機構

図A.6 両スライダクランク機構の交替

[3] 省略

[4] $l = \dfrac{n}{m}$

拡大率は $1 + l = 1 + n/m$

[5] 例えば，**図A.7**に示すように，新たなリンクを付け加え，平行リンク機構を構成する。

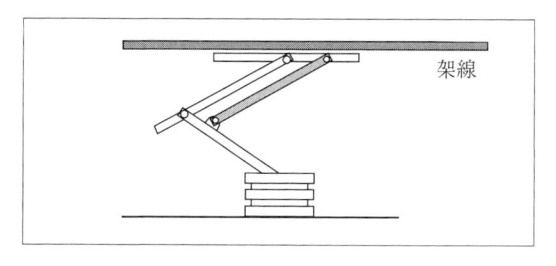

図A.7 片側パンタグラフの例

[6] 図A.8に示す。このような機構を擬似直線機構と呼ぶ。各リンクの長さを適切に選ぶことにより，目的に応じた軌道を描かせることができる。実際に自分でやってみること。

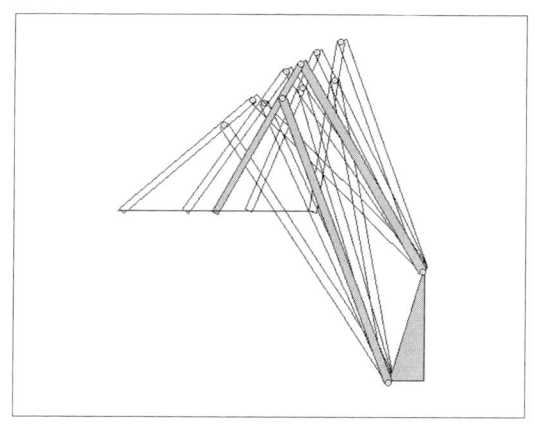

図A.8 クレーンにみられる4節回転リンク機構

---

3 章

[1] 余弦定理を用いると

$$c^2 = x^2 + y^2 + \sqrt{2}xy$$

$$\therefore y = \frac{-x \pm \sqrt{2c^2 - x^2}}{\sqrt{2}}$$

$$\dot{y} = -\left(\frac{\sqrt{2}x + y}{x + \sqrt{2}y}\right)\dot{x}$$

[2] 省略

[3] 式 (3.8) の両辺を時間で微分することにより次式を得る.

$$\begin{bmatrix} x-a-b\cos\theta_1 & y-b\sin\theta_1 \\ x+a+b\cos\theta_2 & y-b\sin\theta_2 \end{bmatrix} \begin{bmatrix} \dot{x} \\ \dot{y} \end{bmatrix}$$

$$= \begin{bmatrix} -(x-a)b\sin\theta_1 + yb\cos\theta_1 & 0 \\ 0 & (x+a)b\sin\theta_2 + yb\cos\theta_2 \end{bmatrix} \begin{bmatrix} \dot{\theta}_1 \\ \dot{\theta}_2 \end{bmatrix}$$

[4] $x = 9.87$ [mm], $\dot{x} = 18.94$ [mm/s]

[5] $\phi = 61°$, $v_p = 13.6$ [mm/s]

[6] (1) $x^2 = l^2 + c^2 - 2cl\cos\alpha$
　　(2) $x\dot{x} = cl\sin\alpha\dot{\alpha}$

[7] それぞれ, $-F_x y + F_y(x-a)$, $F_x y - F_y(x+a)$.

[8] (1) $x = (c-a)\cos\theta_1 - b\sin\theta_2$, $y = (c-a)\sin\theta_1 + b\cos\theta_2$
　　(2) 省略
　　(3)

$$\begin{bmatrix} t_1 \\ t_2 \end{bmatrix} = \begin{bmatrix} (a-c)\sin\theta_1 & (c-a)\cos\theta_1 \\ -b\cos\theta_2 & -b\sin\theta_2 \end{bmatrix} \begin{bmatrix} 0 \\ -w \end{bmatrix}$$

[9] Excel を利用した解析例を図 A.9 に示す. Excel には方程式を解くゴールシークという機能があり, それを利用している.

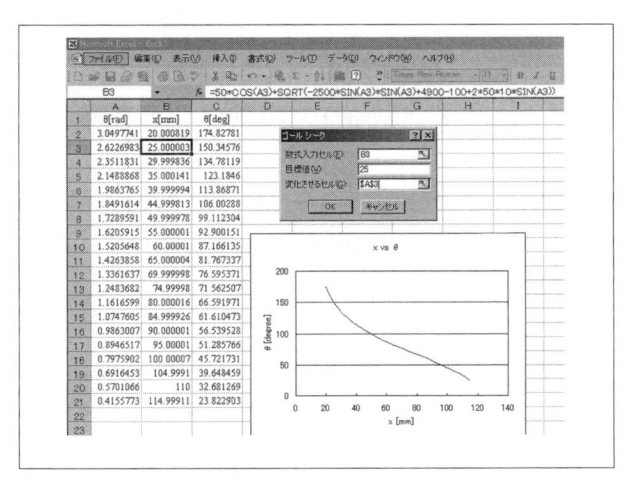

図 A.9　Excel を用いた計算例

演習問題解答　　　159

4 章

[1] 歯車のかみあい伝達が直列につながった構造なので，バックラッシが累積され出力軸のガタが大きい，等。減速比は336。

[2] $\dfrac{10}{3}$, $-\dfrac{7}{3}$

[3] $\dfrac{Z_f}{Z_f - Z_c}$

[4] (1) 省略
　　　(2) 44.2

[5] 8回転

[6] ロータの自転と逆方向に95回転

[7] 35

[8] F_L を大きくすると，くさび効果が働く（車輪が壁から受ける力の作用を考えて説明せよ）。

[9] $\omega_R + \omega_L = 2\left(\dfrac{z_A}{z_B}\right)\omega_P$

5 章

[1]
$$x = l_1 \cos\theta_1 + l_2 \cos(\theta_1 + \theta_2)$$
$$y = l_1 \sin\theta_1 + l_2 \sin(\theta_1 + \theta_2)$$
$$z = z_0 - \xi$$
$$\theta_1 = \operatorname{atan2}(y, x) \pm \operatorname{atan2}\left(\sqrt{x^2 + y^2 - c_1^2}, c_1\right)$$
$$\theta_2 = \pm\operatorname{atan2}\left(\sqrt{x^2 + y^2 - c_2^2}, c_2\right) \mp \operatorname{atan2}\left(\sqrt{x^2 + y^2 - c_1^2}, c_1\right)$$
$$\xi = z_0 - z$$

ただし
$$c_1 = \dfrac{x^2 + y^2 + l_1^2 - l_2^2}{2l_1}$$
$$c_2 = \dfrac{x^2 + y^2 + l_2^2 - l_1^2}{2l_2}$$

(ヒント：3章の補足3.2を復習のこと)

[2] 省略

[3]
$$\begin{bmatrix} \theta_{m1} \\ \theta_{m2} \\ \theta_{m3} \end{bmatrix} = \begin{bmatrix} 1 & 0 & 0 \\ 1 & 1 & 0 \\ 1 & 1 & 1 \end{bmatrix} \begin{bmatrix} \theta_{a1} \\ \theta_{a2} \\ \theta_{a3} \end{bmatrix}$$

$$\begin{bmatrix} t_{t1} \\ t_{t2} \\ t_{t3} \end{bmatrix} = \begin{bmatrix} 1 & -1 & 0 \\ 0 & 1 & -1 \\ 0 & 0 & 1 \end{bmatrix} \begin{bmatrix} t_{a1} \\ t_{a2} \\ t_{a3} \end{bmatrix}$$

[4] 1. 加圧された圧力室が軸方向へ伸びるので，加圧した圧力室と逆方向に曲がる。三つの部屋の圧力の組合せにより，任意方向に任意の角度曲がる。また，3部屋とも圧力をあげると長手方向に伸びる。

2. 制御できるのは3自由度。ただし，外力のかかり方でゴムチューブは連続体としていろいろな変形を行えるので受動的に駆動される自由度は無限である。

3. 複雑な形状のものと接する場合に，相手の形に沿って変形することができる。

[5] いろいろな機構が考案されているが，その一例を図A.10に示す。ピンで結合したコマを4本（図では上下重なっているので3本しか描いていない）のワイヤで引っ張って駆動する。首振り機構から根元の操作部までは，細いコイルの中をワイヤを通す。実際には，要求仕様に応じていろいろなコマの組合せが工夫されている。

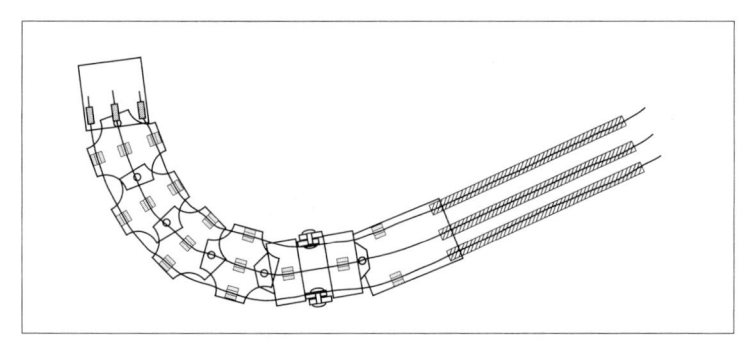

図A.10 内視鏡の首振り機構の一例

[6] 肩3自由度，肘1自由度，上腕1自由度，手首2自由度の，計7自由度と考えることができる。

[7] おおよそ,下記のようになる。各自確認すること。

	デューティ	位相差
静かに歩く	1/2 よりやや大	1/2
片足をかばう	かばっている足 約3/5～4/5 逆の足 約1/5～2/5	ずれる
スキップ	かなり小	ずれる
走る	かなり小	1/2

[8] 省略

6 章

[1] (1),(3) 省略

(2)
$$\begin{bmatrix} C_1C_2 & -C_1S_2 & -S_1 & l_1C_1-aS_1 \\ S_1C_2 & -S_1S_2 & C_1 & l_1S_1+aC_1 \\ -S_2 & -C_2 & 0 & 0 \\ 0 & 0 & 0 & 1 \end{bmatrix}$$

(4)
$$\begin{bmatrix} l_1C_1-aS_1+l_2C_1C_2 \\ l_1S_1+aC_1+l_2S_1C_2 \\ -l_2S_2 \end{bmatrix}$$

[2] OP, OQ の長さをそれぞれ1とする。座標系 Σ_A, Σ_B で点 P, Q をそれぞれ表すと

$$^A\boldsymbol{p} = \begin{bmatrix} -S_\alpha \\ C_\alpha \\ 0 \end{bmatrix}, \quad ^B\boldsymbol{q} = \begin{bmatrix} C_\beta \\ S_\beta \\ 0 \end{bmatrix}$$

$^B\boldsymbol{q}$ を座標系 Σ_A での表示に変換すると

$$^A\boldsymbol{q} = \begin{bmatrix} 1 & 0 & 0 \\ 0 & C_\phi & -S_\phi \\ 0 & S_\phi & C_\phi \end{bmatrix} \begin{bmatrix} C_\beta \\ S_\beta \\ 0 \end{bmatrix} = \begin{bmatrix} C_\beta \\ C_\phi S_\beta \\ S_\phi S_\beta \end{bmatrix}$$

$^A\boldsymbol{p} \cdot {}^A\boldsymbol{q} = 0$ より

$$-\tan\alpha + \tan\beta \cdot \cos\phi = 0$$

[3] (1) 省略

$$\begin{bmatrix} \dot{x} \\ \dot{y} \end{bmatrix} = \begin{bmatrix} 1 & -l\sin\theta \\ 0 & l\cos\theta \end{bmatrix} \begin{bmatrix} \dot{\xi} \\ \dot{\theta} \end{bmatrix}$$

(3) $\theta = \dfrac{\pi}{2}$

(4)
$$\begin{bmatrix} f_b \\ t_2 \end{bmatrix} = \begin{bmatrix} 1 & 0 \\ -l\sin\theta & l\cos\theta \end{bmatrix} \begin{bmatrix} f_x \\ f_y \end{bmatrix}$$

(5) $t_1 = \dfrac{pf_x}{2\pi\eta}$

[4] (1), (2) 省略

(3)
$$\begin{bmatrix} t_1 \\ t_3 \\ f \end{bmatrix} = \begin{bmatrix} -(l_1+\alpha)S_1 - l_3 S_{13} & (l_1+\alpha)C_1 + l_3 C_{13} & 1 \\ -l_3 S_{13} & l_3 C_{13} & 1 \\ C_1 & S_1 & 0 \end{bmatrix} \begin{bmatrix} f_x \\ 0 \\ 0 \end{bmatrix}$$

[5] (1) $\theta_1 = 27.66°$, $\theta_2 = 40.76°$, $\theta_3 = -23.42°$, および,
$\theta_1 = 62.34°$, $\theta_2 = -40.76°$, $\theta_3 = 23.42°$
以下, 初めの解の場合について記す。

(2) $t_1 = 0$ [Nm], $t_2 = -0.119$ [Nm], $t_3 = 0$

(3) $\delta\theta_1 = 2.15\delta s$ [rad], $\delta\theta_2 = 0$ [rad], $\delta\theta_3 = -2.15\delta s$ [rad]

[6] 例として, AとA′に関して示しておく。
AおよびA′の座標をそれぞれp_A, $p_{A'}$とする。

(1)
$$^0 p_A = \left(-\frac{1}{2}a + \frac{\sqrt{3}}{2}b, \frac{\sqrt{3}}{2}a + \frac{1}{2}b, 0 \right)^t$$
$$^0 p_{A'} = (a, b, 0)^t$$

(2)
$$^0 p_{A'} = \begin{bmatrix} 1 & 0 & 0 & p_x \\ 0 & 1 & 0 & p_y \\ 0 & 0 & 1 & p_z \\ 0 & 0 & 0 & 1 \end{bmatrix} \begin{bmatrix} a \\ b \\ 0 \\ 1 \end{bmatrix} = \begin{bmatrix} a + p_x \\ b + p_y \\ p_z \\ 1 \end{bmatrix}$$

ゆえに

$$\overline{AA'} = |{}^0\boldsymbol{p}_{A'} - {}^0\boldsymbol{p}_A|$$
$$= \sqrt{\left(\frac{3}{2}a - \frac{\sqrt{3}}{2}b + p_x\right)^2 + \left(-\frac{\sqrt{3}}{2}a + \frac{1}{2}b + p_y\right)^2 + p_z^2}$$

(3)
$${}^0\boldsymbol{p}_{A'} = \begin{bmatrix} C_\theta & 0 & S_\theta & p_x \\ 0 & 1 & 0 & p_y \\ -S_\theta & 0 & C_\theta & p_z \\ 0 & 0 & 0 & 1 \end{bmatrix} \begin{bmatrix} a \\ b \\ 0 \\ 1 \end{bmatrix} = \begin{bmatrix} aC_\theta + p_x \\ b + p_y \\ -aS_\theta + p_z \\ 1 \end{bmatrix}$$

ゆえに

$$\overline{AA'} = |{}^0\boldsymbol{p}_{A'} - {}^0\boldsymbol{p}_A|$$
$$= \sqrt{\left(aC_\theta + p_x + \frac{1}{2}a - \frac{\sqrt{3}}{2}b\right)^2 + \left(\frac{1}{2}b + p_y - \frac{\sqrt{3}}{2}a\right)^2 + (-aS_\theta + p_z)^2}$$

[7]

$${}^0\boldsymbol{i}_6 = \begin{bmatrix} -S_1C_{23}C_4C_5S_6 - C_1S_4C_5S_6 + S_1S_{23}S_5S_6 - S_1C_{23}S_4C_6 + C_1C_4C_6 \\ C_1C_{23}C_4C_5S_6 - S_1S_4C_5S_6 - C_1S_{23}S_5S_6 + C_1C_{23}S_4C_6 + S_1C_4C_6 \\ S_{23}C_4C_5S_6 + C_{23}S_5S_6 + S_{23}S_4C_6 \end{bmatrix}$$

$${}^0\boldsymbol{j}_6 = \begin{bmatrix} -S_1C_{23}C_4C_5C_6 - C_1S_4C_5C_6 + S_1S_{23}S_5C_6 + S_1C_{23}S_4C_6 - C_1C_4C_6 \\ C_1C_{23}C_4C_5C_6 - S_1S_4C_5C_6 - C_1S_{23}S_5C_6 - C_1C_{23}S_4C_6 - S_1C_4C_6 \\ S_{23}C_4C_5C_6 + C_{23}S_5C_6 - S_{23}S_4C_6 \end{bmatrix}$$

$${}^0\boldsymbol{k}_6 = \begin{bmatrix} S_1C_{23}C_4S_5 + C_1S_4S_5 + S_1S_{23}C_5 \\ -C_1C_{23}C_4S_5 + S_1S_4S_5 - C_1S_{23}C_5 \\ -S_{23}C_4S_5 + C_{23}C_5 \end{bmatrix}$$

$${}^0\boldsymbol{p}_6 = \begin{bmatrix} l_1S_1S_2 + l_2S_1S_{23} \\ -l_1C_1S_2 - l_2C_1S_{23} \\ l_1C_2 + l_2C_{23} \end{bmatrix}$$

$${}^0\boldsymbol{p}_E = \begin{bmatrix} l_1S_1S_2 + l_2S_1S_{23} + l_3(S_1C_{23}C_4S_5 + C_1S_4S_5 + S_1S_{23}C_5) \\ -l_1C_1S_2 - l_2C_1S_{23} + l_3(-C_1C_{23}C_4S_5 + S_1S_4S_5 - C_1S_{23}C_5) \\ l_1C_2 + l_2C_{23} + l_3(-S_{23}C_4S_5 + C_{23}C_5) \end{bmatrix}$$

引用・参考文献

執筆全般にわたり下記1)〜14)の文献から多くを参考にさせていただいた。

1) 荻原芳彦編著：よくわかる機構学，オーム社（1996）
2) 安田仁彦：機構学，コロナ社（1983）
3) R. L. Norton：Design of Machinery, McGraw-Hill, Inc.（1992）
4) 高野政晴，遠山茂樹：演習機械運動学，サイエンス社（1984）
5) 斉藤二郎：機構学のアプローチ，大河出版（1976）
6) 技能士の友編集部：歯車のハタラキ，大河出版（1973）
7) 協育歯車工業株式会社：KG STOCK GEARS カタログ KG702（2001）
8) 小原歯車工業株式会社：KHK総合カタログ・歯車技術資料，VOL.3（2001）
9) 米田完，坪内孝司，大隈久：はじめてのロボット創造設計，講談社サイエンティフィク（2001）
10) R. P. Paul（吉川恒夫訳）：ロボット・マニピュレータ，コロナ社（1984）
11) 広瀬茂男：ロボット工学，裳華房（1987）
12) 日本機械学会編：機械工学便覧，C4 メカトロニクス，第3章ロボティクス，丸善（1989）
13) 松日楽信人，大明準治：わかりやすいロボットシステム入門，オーム社（1999）
14) 宮崎文夫，西川敦，升谷保博：ロボティクス入門，共立出版（2000）

20) 橋田卓也：図解エンジンのメカニズム，山海堂（1998）
21) 鈴森康一，堀光平，宮川豊美，古賀章浩：マイクロロボットのためのアクチュエータ技術，コロナ社（1998）
22) 鈴森康一：小型ロボット用アクチュエータの開発とその展望，日本ロボット学会誌，VOL.24，NO.7，pp. 704〜707（2003）
23) 日本機械学会編：機械工学事典，p.1244，丸善（1997）
24) 日本機械学会編：機械工学便覧，C4 メカトロニクス，第3章ロボティクス，

      p.C4-66，p.C4-69，丸善（1989）
25）佐貫亦男：ジャンボジェットはどう飛ぶか，講談社（1980）
26）小原歯車工業株式会社：KHK総合カタログ・歯車技術資料，VOL.3，p355（2001）
27）協育歯車工業株式会社：KG STOCK GEARSカタログKG702，p397（2001）

索　　引

【あ行】

移動ロボット　　　　　　　　　98
インボリュート曲線　　　　　　70
インボリュート歯車　　　　　　66
ウォームギヤ　　　　　　　66, 79
ウォームホイール　　　　　　　66
内歯車　　　　　　　　　　66, 77
円筒型ロボット　　　　　　　　35
円筒座標形ロボット　　　　　　89
エンドエフェクタ　　　　　　　92
円ピッチ　　　　　　　　　　　69
オイラー角　　　　　　　　　118
往復スライダクランク
　　機構　　　　　　　　　　25
オムニホイール　　　　　　　100

【か行】

回転行列　　　　　　　　　　112
開ループ機構　　　　　　　　　5
傘歯車　　　　　　　　　　　66
仮想仕事の原理　　　　　52, 96
カプラの軌道　　　　　　　　22
かみあいピッチ円　　　　　68, 75
管内検査ロボット　　　　　　87
機　構　　　　　　　　　　　1
　　——の解析　　　　　　　5
　　——の交替　　　　　　18
　　——の自由度　　　　　　7
　　——の設計　　　　　　　5
　　——の総合　　　　　　　5

機構解析　　　　　　　　　　32
機構干渉　　　　　　　　　　94
基準円　　　　　　　　　　　69
基準ピッチ円　　　　　　69, 75
基準ピッチ線　　　　　　　　73
機　素　　　　　　　　　　　5
基礎円　　　　　　　　　　　70
逆運動学　　　　　109, 128, 140
逆運動学解析　　　　　　　　35
脚機構　　　　　　　　　14, 23
キャタピラ　　　　　　　　　98
キャリヤ　　　　　　　　　　77
極座標形ロボット　　　　89, 105
食違い軸歯車　　　　　　　　66
空圧ワブルモータ　　　　　　86
グラスホフの定理　　　　　　17
クローラ　　　　　　　　　　98
減速比　　　　　　　　　　　76
交互三脚歩容　　　　　　　104
交差軸歯車　　　　　　　　　66
固定スライダクランク
　　機構　　　　　　　　　　25
コリオリの加速度　　　　　　37

【さ行】

サイクロ減速機　　　　　　　79
差動傘歯車　　　　　　　　　97
3瞬間中心の定理　　　　　　49
自由度　　　　　　　　　　　6
　　——の縮退　　　　　　　92
順運動学　　　　　109, 124, 137

順運動学解析　　　　　　　　35
瞬間中心　　　　　　　　　　48
準動歩行　　　　　　　　　102
冗長マニピュレータ　　　　　92
ジンバル機構　　　　　　　　8
水平多関節形ロボット　　　　91
水平多関節形ロボット　　　105
数値解析　　　　　　　　　　40
スカラ形ロボット　　　　　　3
スケルトン表示　　　　　　　2
スチュワートプラット
　　フォーム　　　　　　90, 151
スパーギヤ　　　　　　　　　64
すべり対偶　　　　　　　　　6
スライダクランク機構
　　　　　1, 2, 8, 25, 32, 50, 63
スライダてこ機構　　　　　　27
静電ワブルモータ　　　　　　85
静歩行　　　　　　　　　　102
接地相　　　　　　　　　　101
全方向移動　　　　　　　　100
創成歯切り　　　　　　　　　73
速度解析　　　　　　　　　　51

【た行】

対　偶　　　　　　　　　　　5
対偶素　　　　　　　　　　　5
タイミングベルト　　　　　　2
太陽歯車　　　　　　　　77, 81
多関節形ロボット　　　　　　91
チェビシェフの擬似直線

索　引

機構	23
逐次代入法	40
頂げき	70
直交座標形ロボット	89
ディファレンシャルギヤ	87
てこクランク機構	19
手先効果器	92
転位係数	75
転位歯車	75
ドアの開閉機構	11
同次変換行列	116
動歩行	102
特異姿勢	92, 131
特異点	92
トロコイド歯車ポンプ	85

【な行】

内視鏡	107
2自由度閉ループ機構	38
ニュートン法	134
ねじ対偶	6

【は行】

歯厚	69
歯車	64
歯車機構	13
歯車列	80
歯先円	70
バーサトラン形	91
歯末のたけ	70
はすば歯車	64
歯底円	70
歯たけ	70
バックラッシ	70

歯幅	69
歯面	69
歯元のたけ	70
ハーモニックドライブ減速機	78, 84
パラレルロボット	38, 91
パレタイジング	91
パレタイジングロボット	21
パワーショベル	16
パンタグラフ機構	30
ピッチ点	68
ピニオンギヤ	64
平歯車	64
不思議遊星歯車減速機	84
平行軸歯車	66
平行リンク機構	20, 25, 62
平面機構	5
平面リンク機構	15
閉ループ機構	5
ヘリカルギヤ	64
歩行ロボット	98
ボールスクリュー	80

【ま行】

マイタギヤ	66
曲がり傘歯車	66
マニピュレータ	89
回りスライダクランク機構	25
回り対偶	6
メカナムホイール	101
モジュール	69

【や行】

ヤコビ行列	55, 129, 142
やまば歯車	64
油圧6軸ステージ	4
遊脚相	101
遊星車輪機構	87
遊星歯車	77, 81
遊星歯車機構	84
遊星歯車減速機	77
ユニバーサルジョイント	148
ユニメート形	91
揺動スライダクランク機構	25, 61
4節回転リンク機構	16, 44
4節リンク機構	15

【ら行】

ラック	66
ラックピニオン機構	66
立脚相	101
立体機構	5
リフト機構	28
両クランク機構	20
両スライダクランク機構	27, 53, 60
両てこ機構	20
リンク機構	15
連鎖	5
ロール・ピッチ・ヨウ角	122

【わ行】

ワイパー機構	11

---

atan2	58
Excel	59, 73
FMA	106
MATLAB	135
SCARA	91
Working Model	56

―― 著者略歴 ――

1982 年	横浜国立大学工学部機械工学第二学科卒業
1984 年	横浜国立大学大学院修士課程修了（機械工学専攻）
1984 年 ～01 年	株式会社東芝総合研究所（現 研究開発センター）勤務
1990 年	横浜国立大学大学院博士後期課程修了（生産工学専攻）工学博士
1999 年 ～01 年	マイクロマシンセンター兼務
2001 年	岡山大学教授
2014 年	東京工業大学教授 現在に至る

ロボット機構学
Robot Mechanisms　　　　　　　　　　　　　　　　　© Koichi Suzumori　2004

2004 年 4 月 28 日　初版第 1 刷発行
2023 年 8 月 15 日　初版第 19 刷発行

検印省略

著　者　鈴　森　康　一
発行者　株式会社　コ ロ ナ 社
　　　　代表者　牛来真也
印刷所　壮光舎印刷株式会社
製本所　株式会社　グリーン

112-0011　東京都文京区千石 4-46-10
発行所　株式会社　コ ロ ナ 社
CORONA PUBLISHING CO., LTD.
Tokyo Japan
振替00140-8-14844・電話(03)3941-3131(代)
ホームページ　https://www.coronasha.co.jp

ISBN 978-4-339-04571-0　C3053　Printed in Japan　　　　　　　（永石）

〈出版者著作権管理機構 委託出版物〉
本書の無断複製は著作権法上での例外を除き禁じられています。複製される場合は，そのつど事前に，出版者著作権管理機構（電話 03-5244-5088，FAX 03-5244-5089，e-mail: info@jcopy.or.jp）の許諾を得てください。

本書のコピー，スキャン，デジタル化等の無断複製・転載は著作権法上での例外を除き禁じられています。購入者以外の第三者による本書の電子データ化及び電子書籍化は，いかなる場合も認めていません。
落丁・乱丁はお取替えいたします。